著者简介

梶原昭博

日本北九州市立大学国际环境工学部教授。

博士（工学）毕业于日本庆应义塾大学研究生院。曾任茨城大学工学部教授，2001年4月任北九州市立大学国际环境工学部教授。此前的1992～1994年任职于加拿大卡尔顿大学。至今一直从事微波及毫米波无线通信、通信网络、无线电波传播、雷达系统等方面的研发工作。

毫米波雷达技术与设计

车载雷达及传感器技术的应用

〔日〕梶原昭博 著

兰竹 徐畅 资礼琅 译

刘虎 审校

科学出版社

北京

图字：01-2022-3232号

内 容 简 介

本书着眼于自动驾驶、架空输电线检测、隐私空间看护、健康监测等课题，面向初学者介绍毫米波雷达的技术概要和特点。

本书共7章，主要内容包括毫米波技术和雷达技术基础，毫米波雷达技术概要，以及车载毫米波雷达、高压输电线检测、看护传感器、生理信息监测等新技术应用。

本书可作为微波及毫米波通信、通信网络、雷达等行业的入门读物，也可作为高等院校相关专业的教材。

图书在版编目（CIP）数据

毫米波雷达技术与设计：车载雷达及传感器技术的应用/(日)梶原昭博著；兰竹，徐畅，资礼琅译.—北京：科学出版社，2022.10
　ISBN　978-7-03-072984-2

　Ⅰ.①毫…　Ⅱ.①梶…　②兰…　③徐…　④资…　Ⅲ.①车载雷达-毫米波雷达-研究　Ⅳ.①TN959.71

中国版本图书馆CIP数据核字（2022）第157370号

责任编辑：杨　凯/责任制作：魏　谨
责任印制：师艳茹/封面设计：张　凌
北京东方科龙图文有限公司　制作
http://www.okbook.com.cn

科学出版社 出版
北京东黄城根北街16号
邮政编码：100717
http://www.sciencep.com
三河市春园印刷有限公司　印刷
科学出版社发行各地新华书店经销

*

2022年10月第 一 版　　开本：787×1092　1/16
2022年10月第一次印刷　　印张：10
字数：180 000

定价：58.00元
（如有印装质量问题，我社负责调换）

序

在大容量数据通信和高分辨率雷达等领域，关于毫米波的应用研究已经有很长历史，但是进入21世纪后才开始真正实用化。

究其原因，一是器件技术的发展，如半导体功率放大器及信号放大器性能的改善，SiGe等新器件价格的降低，CMOS技术向100GHz高频发展带来的RF模块商品化等。二是无线通信的速度、容量提高和无线电新应用领域的普及，导致频带带宽不足，促使人们将目光转向毫米波段。三是各国政府开放了较宽的毫米波段免执照频带，如60GHZ和77GHz频段。后者能够连续使用的带宽从3GHz扩大到5GHz，使得毫米波雷达的分辨率足以捕捉心跳这类微小变化，大大拓展了毫米波的应用领域。

得益于ITS（智能交通系统）对全天候及高精度测距的需求，毫米波雷达受到了广泛关注，让人们感受到毫米波应用就在身边。毫米波容易实现超宽带、小型化、轻量化，相互干扰小，在高距离分辨率的近距离传感系统中具有良好的发展前景。毫米波技术能够检测居住空间内的微小动作及变化，但比光学成像暴露的隐私少得多，因此在呼吸心跳等健康监测、浴室内看护、室内安全等各方面的应用也开始受到关注。

雷达技术在民用领域的应用正变得活跃，微波雷达相关的优秀专业书籍开始出现在市面上，但是毫米波雷达相关的基础数据却几乎没有公开。在这样的背景下，为了让初学者也能够理解毫米波雷达的最新技术，笔者写作了本书。考虑到篇幅有限，本书尽量保持最小限度地使用公式，减少繁复的公式推导及解释，更详细的雷达技术和设计方面的内容尚需参考其他专业书籍。

本书共7章。第1章和第2章分别是电波传播和雷达技术概述。第3章介绍毫米波雷达固有的传播特性和雷达有效截面积的含义，这方面的公开资料较少，笔者根据以往的实测结果比较了微波段和准毫米波段的特性，用以说明毫米波雷达的特点。第4章和第5章是车载雷达及直升机防撞雷达的应用实例。第6章和第7章介绍了隐私空间看护和健康监测等新领域的毫米波雷达应用。

愿本书能够为毫米波雷达初学者提供参考。

目　录

第1章
毫米波技术基础

1.1 电磁波与无线电波

电磁波的概念如图1.1所示，电磁波在电场与磁场的相互影响下以光速传播，传播特性取决于频率。光（红外线、可见光、紫外线、X射线）也是电磁波的一种：暖气设备发出的红外线给人以温暖的感觉；可见光是波长可被人眼感受到的电磁波；紫外线具有杀菌作用，能产生日晒效果；X射线具有穿透物质的特性，普遍应用于X光拍摄等。一般来说，频率在3THz（3×10^{12}Hz）以下的电磁波都可称为无线电波。

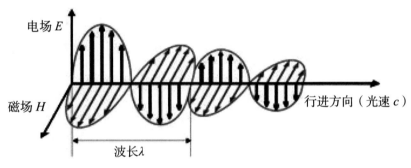

图1.1 电磁波

无线电波的分类和特征如图1.2所示，根据频率可分为微波、毫米波和太赫兹波，不同无线电波的传播特性和能够承载的信息量各不相同。

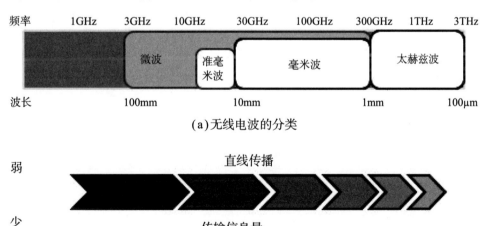

（a）无线电波的分类

（b）无线电波的特性

图1.2 无线电波的特征

不同于电路或器件，无线电波传播是难以人为控制的自然现象。特别是雷达的原理更加复杂，在显示目标物（目标）的同时，还会显示各种障碍物的散射波。如图1.3所示，无线电波通过反射、透射、衍射（绕射）进行传播。如果行进方向没有障碍物，无线电波会直线传播；如果行进方向有障碍物，无线电波就会反复反射、透射、衍射，向各个方向传播。反射、透射、衍射等传播方式因频率而异[1]。

・介质特性改变会引起反射和透射

・无线电波会绕过障碍物（衍射）

・波长越长，衍射越大

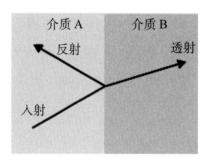
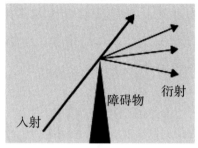

图1.3　无线电波传播的基本特性

1.1.1　反射与透射

如1.4所示，无线电波入射不同介质时，入射波会在界面（反射面）上发生反射和透射现象。

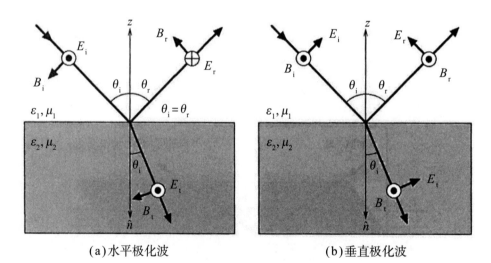

（a）水平极化波　　　　　　　　　　（b）垂直极化波

图1.4　界面的反射和透射

设 ε 为介电常数，μ 为磁导率。如果界面光滑，则入射角与反射角相同（斯涅耳定律）。此外，界面是否平坦，可根据下式给出的射线粗糙度基准判断[2]：

$$r_{ough} = \frac{4\pi\sigma_h}{\lambda \cdot \sin\theta} \tag{1.1}$$

式中，σ_h为第一菲涅耳区起伏量的标准偏差；θ为从界面法线方向测量的入射角。

$r_{ough} < 1$说明相干成分突出，界面平坦；反之，$r_{ough} > 1$说明非相干成分突出，界面粗糙。例如，在1GHz以下的微波段（波长30cm以上），沥青路面可以被认为是平坦$(r_{ough} < 1)$的；而在毫米波段，沥青路面通常被认为是粗糙$(r_{ough} > 1)$的。可见，微波雷达的特性无法直接用于毫米波频段。

一般来说，反射系数用入射波相对于回波的幅度比表示，且因入射波的极化状态而异。这里认为反射物界面平坦，且介电常数均匀，图1.4中垂直极化的入射波反射系数Γ_V由下式给出：

$$\Gamma_V = \frac{\varepsilon_r \cos\theta_i - \sqrt{\varepsilon_r - \sin^2\theta_i}}{\varepsilon_r \cos\theta_i + \sqrt{\varepsilon_r - \sin^2\theta_i}} \qquad (1.2)$$

式中，θ_i为入射角；假设$\varepsilon_r = \varepsilon_2/\varepsilon_1$，$\mu_r = \mu_2/\mu_1 = 1$。

同样，水平极化的反射系数Γ_H由下式给出：

$$\Gamma_H = \frac{\cos\theta_i - \sqrt{\varepsilon_r - \sin^2\theta_i}}{\cos\theta_i + \sqrt{\varepsilon_r - \sin^2\theta_i}} \qquad (1.3)$$

式（1.2）和式（1.3）被称为菲涅耳反射系数或者散射系数方程，是电磁波散射的基础公式。

类似地，菲涅耳透射系数由下式给出：

$$T_V = \frac{2\sqrt{\varepsilon_r}\cos\theta_i}{\varepsilon_r\cos\theta_i - \sqrt{\varepsilon_r - \sin^2\theta_i}} \qquad (1.4)$$

$$T_H = \frac{2\cos\theta_i}{\cos\theta_i - \sqrt{\varepsilon_r - \sin^2\theta_i}} \qquad (1.5)$$

如果是水平极化，透射系数和反射系数$T_H + (-\Gamma_H) = 1$的关系对于所有入射角都成立，但是垂直极化的情况下$T_V + \Gamma_V = 1$的关系只在入射角$\theta_i = 0$时成立。

1.1.2　衍　射

无线电波即使被障碍物遮挡也无法遮挡住全部的功率，根据惠更斯原理，无线电波在遮蔽物的端部会产生衍射现象，折射出部分功率。

图1.5所示的峰脊衍射是最简单的衍射模型。表示遮蔽程度的衍射参数v定义如下：

$$v = h\sqrt{\frac{2}{\lambda}\left(\frac{1}{d_1} + \frac{1}{d_2}\right)} \tag{1.6}$$

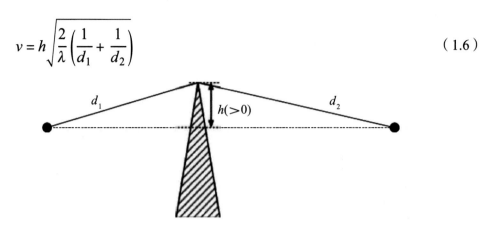

图1.5　峰脊衍射模型

注意，v 与菲涅耳区的波源次数 n 之间有如下关系：

$$v = \sqrt{2n} \tag{1.7}$$

相对于 v 的峰脊衍射损失如图1.6所示。当 $v = 0$ 时，一半穿透成分（相干成分）被遮挡，损失为6dB。如果第一菲涅耳区被遮挡，则损失约为16dB。

穿透成分被遮挡时，衍射损失可用下式近似计算：

$$J(v) = 6.9 + 20\log\left[\sqrt{(v - 0.1)^2 + 1} + v + 0.1\right] \tag{1.8}$$

根据 v 的定义可明确得知，即便是相同的值，频率越高，值越大，衍射损失越大。频率越高，阴影区的衰减越大也是这个原因。

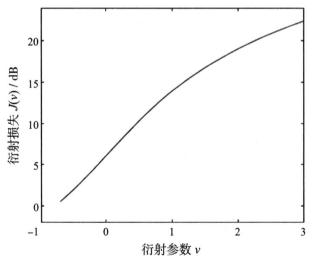

图1.6　峰脊衍射损失

1.2 无线电波的大气衰减

　　无线电波会被大气中的氧气和水蒸气等气体吸收，或因雾、云、雪等散射而衰减。因波长短（频率高）而被大气中的气体吸收时，收发之间必然会出现衰减。一般情况下，在10GHz以下的低频率（航空管制雷达、船舶雷达、无线通信使用的频率）下，氧气和水蒸气等气体吸收的部分几乎可以忽略。若是雨雪天气，雨滴变大会导致散射加剧，从而引发衰减。另外，波长变长时，衍射损失会变小，散射的影响也会降低。

　　对于这样的雷达，波长较长时散射引发的衰减小，可探测较远的距离，但是带宽很难保证，目标的距离分辨率会变差。相反，波长较短时，无线电波容易被水蒸气和云、雨等吸收、反射，使得衰减变大，最大检测距离会变短。因此，需要尽早检测远方目标的航空管制雷达和船舶雷达，主要采用10GHz以下的低频无线电波；而需要高精度测量目标的形状、大小、速度等参数的车载雷达和火控雷达，多使用频率较高的无线电波。

　　晴天时的大气衰减主要是由氧气和水蒸气的吸收造成的。图1.7所示为根据ITU-R P676-6计算出的标准大气压、20℃、7.5g/m^{3}水蒸气密度（绝对湿度）条

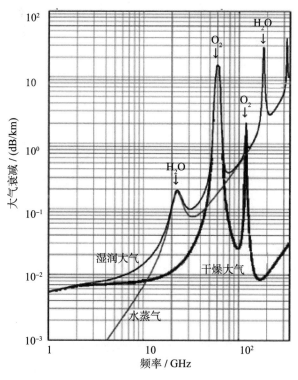

图1.7　无线电波的大气衰减

件的湿润大气下的衰减。干燥大气下的衰减主要源自氧气的吸收，而湿润大气下的衰减是氧气和水蒸气共同造成的。

大气中各种原子和分子的吸收因高度、季节、场所而异，情况非常复杂。例如，在60GHz频带，氧气的吸收显著，峰值会达到15dB/km，而水蒸气的吸收在22GHz存在峰值，并随着水蒸气密度的增大而成比例地递增。

从图1.7可见，从微波段到毫米波段存在多条氧气及水蒸气的吸收线。吸收线和吸收线之间的衰减相对较小，称为无线电传播窗口，该窗口多用于星载雷达和射电望远镜等。

虽然传播窗口的大气衰减比降雨衰减小，但大气衰减会随着频率的提高而增大，在使用毫米波以上频带的通信和雷达中不可忽视。

图1.8所示为根据ITU-R计算出的以降雨量为参数的衰减量情况。在10GHz以上频带中，最大直径5mm左右的雨滴吸收和散射引发的衰减是最大的问题。对于降雨衰减，通常用不同降雨率下的衰减值来表示。参考文献[3]、[4]指出，11.7GHz下的衰减在年降雨率0.1%和0.01%的条件下分别约为2dB和7dB，19.45GHz下的衰减在年降雨率0.1%和0.01%的条件下分约6dB和15dB。

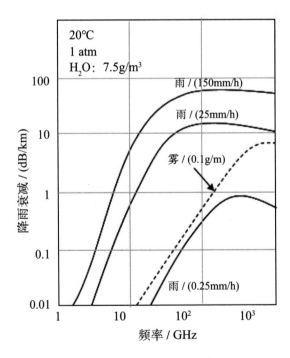

图1.8 无线电波的降雨衰减

降雨衰减还与无线电波的极化相关。相对于地面，落下时雨滴的截面在水平方向压扁，水平极化的衰减会比垂直极化大几分贝。所以，气象雷达（极化雷达）会发射垂直极化和水平极化两种电波，利用雨滴形状引起的两种电波的反射率之差，计算降水强度[3,4]。

1.3　毫米波的特征与应用

如图1.2所示，毫米波的频率为30～300GHz，波长为10～1mm。与波长大于1cm的微波相比，毫米波具有以下特点。

① 由于直线性强、大气和墙壁等的衰减大，传播距离短。这一特点曾经被认为是缺点，但是对于短距无线通信和短距雷达反而成了优点。例如，稍微保持距离就能减小对其他无线系统的干扰，同一频率可以重复使用，频率利用率得以提高。这一特点适用于室内超宽带（UWB）短距雷达。

② 一般来说，电路和天线的尺寸取决于波长。使用毫米波有利于电路和天线模块的小型化。

③ 毫米波可以利用的带宽很大。通常，雷达的距离分辨率（测距精度）是带宽的倒数，毫米波雷达能够实现高距离分辨率。

得益于优越的直线性和环境适应性，毫米波应用于传感器的研究有着悠久的历史。近年来，由于交通事故预防和减灾需要，车载雷达迅速实用化。另外，由于79GHz频带支持大带宽，生理信息传感器也进入了研究阶段[5,6]。

毫米波曾用于军事、卫星地球探测和商用高速通信，但民用领域却很长时间没有实用化。高频段的开发停滞在微波段，此后的研究则直接跳过毫米波和太赫兹波而到了光波。原因之一是毫米波的传播距离较短，且当时没有可用的高性价比器件。进入21世纪后，随着手机和无线网络的普及，无线电应用飞速发展，频带资源变得稀缺，毫米波作为新的频带资源再次受到关注。特别是100GHz级CMOS器件的低成本化也是关键因素之一[7]。

近年来，由于比红外和可见光摄像头等其他传感器有更高的灵敏度和雨雾环境适应性，毫米波雷达成了安全驾驶辅助和自动驾驶不可或缺的系统。可用的主要毫米波段频率分配见表1.1。

表 1.1 可用的主要毫米波段频率分配 [1]

体　制	24GHz	60GHz	77GHz	79GHz	94GHz	140GHz
日　本	21.65 ~ 26.65	60 ~ 61	76 ~ 77	77 ~ 81		
欧　洲	21.65 ~ 26.65		76 ~ 77	77 ~ 81		139 ~ 140
美　国	21.65 ~ 26.65		76 ~ 77		94.7 ~ 95	
ITU-R		60 ~ 61	76 ~ 77	77 ~ 81		

现在，毫米波雷达的可用频带为77GHz频段（1GHz带宽）和79GHz频段（4GHz带宽）。特别是79GHz频段，可用带宽4GHz，可以实现4 ~ 5cm的距离分辨率。与检测飞机和船舶的雷达不同，它可以监测行人和路面状况，乃至人体生理信息的估计。各大汽车厂商都打算使用多个毫米波雷达来监控车辆前方、斜后方和斜前方，如图1.9所示。

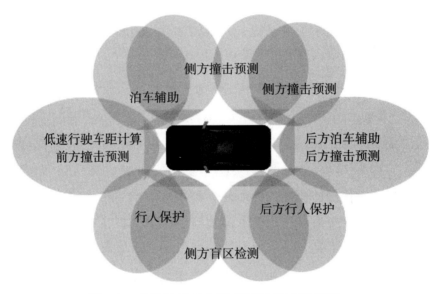

图1.9　毫米波雷达在汽车领域的应用实例

局地暴雨预测所用的扩展气象雷达信息网络（XRAIN）也应用到了毫米波雷达，因为雷达发射的无线电波会被雨云吸收，根据雨云微弱反射的无线电波强度即可锁定雨云的位置。XRAIN的刷新率是传统微波雷达的5倍，分辨率达16倍，雨量估计精度也很高，在暴雨的早期发现和监控中被寄予了厚望。

---

1) 24GHz 频段正在逐步退出，为5GHz毫米波通信让出频段。——译者注

参考文献

［1］細矢良雄. 電波伝搬ハンドブック. リアライズ社, 1999.

［2］大内和夫. リモートセンシングのための合成開口レーダの基礎. 東京電機大学出版局, 2004.

［3］CURRIE N. Radar reflectivity measurement. Artech House, 1995.

［4］CURRIE N, BROWN C. Principles and applications of millimeter-wave radar. Artech House, 1987.

［5］ミリ波最前線 - 無線LAN からデータセンター, 自動車, 移動通信まで. 日経BP社, 2014.

［6］大橋洋二. 車載用ミリ波レーダ最前線. https://www. nmij. jp/~nmijclub/denjikai/bak/secret/181920/20-3. pdf.

［7］藤島実. ミリ波/ テラヘルツCMOS回路の最新動向. 信学技報MWP, 2011, 111（271）.

第2章
雷达技术基础

雷达（radar）这一词，源自英文radio detection and ranging（无线电探测与测距）的缩写音译，是通过发射无线电波检测远方的目标物，同时测量目标物距离和方位的无线电测定设备[1]。雷达可以快速检测人眼看不见的远方目标，并确定其位置[1-3]。与摄像头等光学传感器或红外线传感器不同，雷达检测目标不受夜间、雨、雾、烟等的明显影响。

但是，雷达的分辨率不如人眼。例如，人眼能够发现并识别小船、飞机，而在雷达上这些小目标只能表现为粗略的点。现如今，雷达在航空管制、地球观测、气象观测等遥感领域，以及地下资源勘探、运动目标测速、障碍物检测及国防等多个领域都有广泛应用[2-9]。

本章主要介绍雷达系统的组成和基本原理，推导计算目标检测性能的雷达方程，同时说明决定雷达测角精度和测距精度的角度分辨率及距离分辨率，进而概述提高精度的技术。

2.1 雷达的组成和工作原理

2.1.1 雷达系统概述

如图2.1所示，雷达系统由以下几部分构成。

· 收发天线部分：向目标发射无线电波，接收回波。

· 信号处理部分：用于探测与测距，对接收到的数据进行信号处理。

· 检测部分：将接收到的回波转换为易处理的信号格式，图2.1(a)所示为直接检测法。

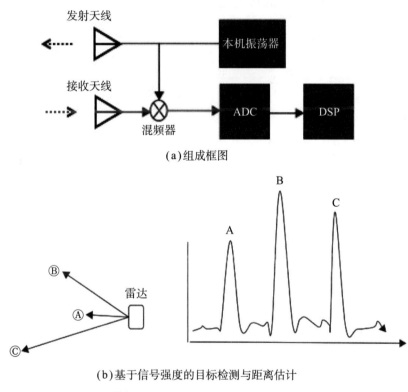

(a)组成框图

(b)基于信号强度的目标检测与距离估计

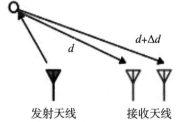

(c)根据多个接收天线的相位差估计角度

图2.1 信号处理输出

为了测量距离和速度，要对发射信号进行调制，对接收到的回波进行检测并进行信号处理。角度检测，即通过天线波束扫描或单脉冲估计来波的角度。

如图2.1(b)所示，雷达向目标发射脉冲信号（方波），通过反射信号检测目标距离等信息。也可以只用一个天线，交替进行发射和接收。另外，雷达能够以一定的周期重复发射脉冲信号，脉宽及重复周期取决于所需的检测距离。对于$0.8\mu s$脉宽，当脉冲重复频率为840Hz时，收发将在1s内重复840次。

在实际系统中，接收信号会被LNA（低噪声放大器）放大到电路工作所需的信号电平。

2.1.2　最大检测距离与最小检测距离

雷达波形有很多种形式，这里只介绍基本情况，以图2.2所示断续收发短脉冲的脉冲雷达为例说明。

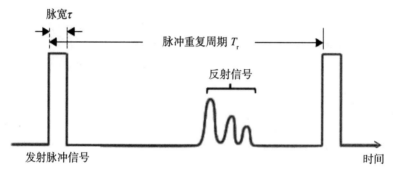

图2.2　脉冲雷达波形

对目标区域发射脉冲信号，若接收到回波，即可根据脉冲信号的往返时间计算目标距离R。例如，设目标距离为R_T，脉冲往返时间为$\tau_T = 2R_T/c$，根据脉冲往返时间τ_T可以计算出目标距离$R_T = c\tau_T/2$。然而，当目标距离较远，以至于目标回波出现在下一发射脉冲的观测时间内时，就会导致距离识别错误。这样的现象被称为"二次回声"或"距离模糊"。为了防止这种距离模糊，用脉冲重复周期T_r加以约束，最大不模糊检测距离用下式表示：

$$R_{\max} = \frac{c \cdot T_r}{2} \qquad\qquad (2.1)$$

另一方面，最小可检测距离由脉宽决定，因为目标距离过小会导致回波出现在信号发射期间而无法接收。减小发射信号的脉宽有利于减小最小可检测距离，但条件是需要增大接收机的带宽，因为脉宽和带宽成反比关系。

2.1.3 距离分辨率

距离分辨率是指雷达区分同一方向两个相邻目标的能力，用下式表示：

$$R_{\min} = \frac{c \cdot \tau}{2} \tag{2.2}$$

脉宽变小，距离分辨率就会变好。但是随着脉宽减小，发射平均功率会变小，回波的信噪比也会变小，可能会导致无法检测出远处的目标。

不过，调频连续波（FMCW）或快速调频（FCM）这类线性调频雷达（啁啾雷达）使用连续波作为发射信号，即便没有脉冲雷达那样的高发射功率，也能得到期望的信噪比。

2.1.4 方位（角度）分辨率

方位分辨率是指区分同距离、不同方位的两个相邻目标的能力，主要由天线在方位面的方向性决定。为了提高方位分辨率，可以减小天线的方位波束宽度，为此须加大天线的方位面孔径。一般来说，天线的方向性是指最大辐射方向的半功率宽度（角度），即3dB波束宽度（°），可用下式估算：

$$\theta \cong \frac{70 \cdot \lambda}{D} \tag{2.3}$$

式中，D 为天线孔径；λ 为雷达波长。

例如，X波段（8~12GHz）卫星观测雷达带有孔径3m的天线，对应的波束宽度为0.75°，非常尖锐；反之，孔径40cm的天线，波束宽度大至5.7°。

2.2 雷达方程

2.2.1 雷达方程概述

无线电波照射到目标上，就会向各个方向散射，尤其是后向散射，与目标的表面形状、粗糙度、材质，以及雷达的波长、频率、入射角、极化等有关。

以图2.3(a)所示的通信传输模型为例。设收发天线之间的距离为R，收发天线的增益分别为G_r、G_t，波长为λ，发射功率为P_t，则根据弗里斯传输方程，接收功率可通过下式计算[10]：

$$\frac{P_r}{P_t} = G_t G_r \left(\frac{\lambda}{4\pi R} \right)^2 = \frac{G_t G_r}{L_d} \tag{2.4}$$

式中，L_d 为弗里斯自由空间传输损耗，与距离的平方成正比，与波长的平方成反比。

$$L_d = \left(\frac{4\pi R}{\lambda} \right)^2 \tag{2.5}$$

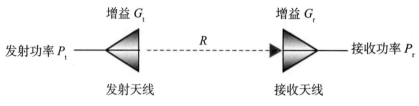

(a)通信系统的传输模型

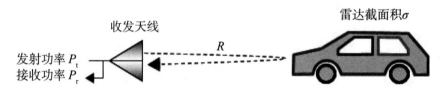

(b)基于信号强度的目标检测与距离估计

图2.3　收发天线之间的传输模型

对应的，考虑图2.3(b)所示的雷达测距模型，目标与收发天线的距离为R。

照射到目标上的电波会散射于各个方向，考虑到相对于目标的方向性，设雷达后向散射截面积（以下称为雷达截面积）为σ(dBsm)，则散射波的接收功率为

$$P_r = \frac{G^2 \lambda^2 \sigma}{(4\pi)^3 R^4} P_t \tag{2.6}$$

这就是雷达方程，是从功率的角度看雷达的基本公式。式中，σ为由相对于目标入射功率的反射功率定义的虚拟面积。

由式（2.6）可知，功率与距离的4次方成反比，这是与通信的不同之处。因此，与无线通信系统相比，雷达的可覆盖区域更受限于接收功率。

考虑到R^4的距离依赖性在原理上无法避免，要检测远距离的目标，需要提高接收机的灵敏度，如采用灵敏度时间控制（sensitivity time control，STC）技术[1]实时调整接收机的放大系数。

如图2.4(a)的环境，无线电波照射于前方行驶的车辆。接收的回波功率（距离像）如图2.4(b)所示。此时的接收信号由对应1GHz带宽的距离单元（range bin，15cm）的回波构成，表示为离散强度分布。图中除了来自车辆的回波，还有许多来自建筑物和路面的杂波，很难通过门限判定来检测和识别目标。

(a)前方路面上行驶的车辆

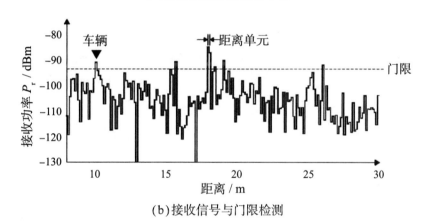

(b)接收信号与门限检测

图2.4 前方的接收信号与门限检测

只有接收功率P_r大于接收机最小信号检测功率P_{min}时，才能检测到目标信号：

$$P_r > P_{min} \tag{2.7}$$

式中，P_{min}作为检测基准值（准确来说是统计值），只取决于接收机内噪声功率、杂波以及检测所需的信噪比。

下面用链路预算（link budget）来说明。链路预算是指将收发路径（链路）上存在的增益（天线等的增益）和损耗（自由空间、干扰、热噪声等带来的损耗）都表示为dB值的加减，由此衡量链路整体的传播损耗，评估目标的最大检测距离。这一技术常用于雷达系统设计中。

将$P_r = S_{min}$代入雷达方程，就得到了雷达的最大检测距离：

$$R_{\max} = \left[\frac{\lambda^2 G^2 P_t \sigma}{(4\pi)^3 S_{\min}} \right]^{1/4} \tag{2.8}$$

可见，在峰值发射功率 P_t、天线增益 G、波长 λ、雷达截面积 σ 确定的情况下，只要知道信号检测所需的最小接收功率 P_r，就能够计算出最大检测距离 $R_{\max}$。

但是，由于目标相对雷达的姿态不同会导致雷达截面积变化，在进行链路预算时，通常使用实测平均值或估算值。最小接收功率也受接收机的特性、目标检测处理方式及接收功率的变化模式等的影响。

综上，为了准确预测雷达的最大检测距离，需要分析影响雷达测距的各种因素，将式（2.6）拓展为更实用的雷达方程。拓展过程中要考虑的因素众多，尤其是目标的雷达截面积和信噪比。

估算图2.5所示的雷达系统性能，假设发射功率 $P_t = 10\text{dBm}$、天线增益 $G = 20\text{dB}$、最小信号检测功率 $P_{req} = P_{\min} = -90\text{dBm}$，那么可以计算出：$\sigma = 30\text{dBsm}$ 的目标的最大检测距离为100m以上，$\sigma = 10\text{dBsm}$ 的目标的最大检测距离约为40m。

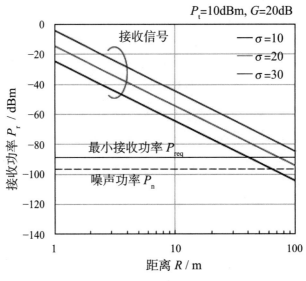

图2.5 雷达性能估算

通常，雷达的波长可以根据需要的距离分辨率、方向性和容许的天线尺寸来选定。在天线尺寸相同的情况下，波长越短，即频率越高，越容易得到尖锐的方向性，对提升角度分辨率和角度精度越有利。另外，频率越高，发射系统信号上升越快，越容易产生窄脉冲，对提升距离分辨率和距离精度越有利。这里，雷达使用的带宽BW和脉宽τ的关系如下：

$$\tau = \frac{1}{BW} \tag{2.9}$$

随着带宽的增大，脉宽或时间分辨率减小。

2.2.2 雷达截面积

下面说明目标的雷达截面积（RCS）σ的含义。随后，作为推导目标可见系数的前提，概述对RCS统计变化的建模[1]。RCS是评价目标向接收天线再辐射能力的重要指标，与目标的有效面积成正比。它使用面积的单位，但与物理大小并无直接关系，而是取决于形状、电气特性、雷达照射频率（波长）等。例如，半径a（远大于波长）的球形目标的RCS等于它的投影面积πa^2，而飞机、汽车、人体等目标的RCS却与其物理面积并不一致。这是因为这些目标的表面形状复杂，来自各散射点的回波相互干扰，表面轻微的形状变化和波长、带宽的变化都会给RCS特性带来很大影响。形状复杂的车辆在不同照射角（方位角）下的RCS如图2.6所示。

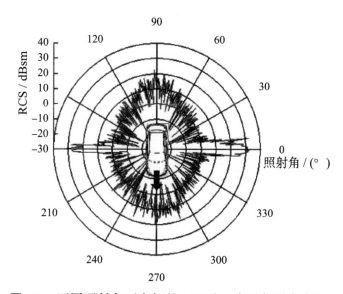

图2.6 不同照射角下车辆的RCS（→表示行进方向）

这里，无线电波（79GHz，带宽10MHz）从侧面照射目标，270°方位为车辆行进方向（箭头）。照射角每变化1°，接收信号强度都会大幅变化，同时总体趋势会随着角度改变而缓慢变化。剧烈的变化是因为不同位置的散射波相位发生剧烈变化，互相干涉而导致的。缓慢的变化趋势由车辆表面在不同角度下的形状变化引起。一般来说，从侧面看车辆的形状大多平坦，照射面积比正面和后面大。侧向照射（±5°）的RCS特性接近平板。而人体的照射面积是正面稍大，在波长较短时形状接近圆柱，所以RCS的包络波动相对较小。

可见，目标的RCS并不是唯一的，因此在雷达方程计算中，多采用平均值或中间值。表2.1给出了典型目标的RCS，此处认为与频率无关，详细的讨论见3.3节。

表 2.1 典型目标的雷达截面积

目标	雷达截面积 RCS/dBsm
汽 车	100
自行车	2
人	1
客 机	3
直升机	100

利用雷达方程估算最大检测距离时，不一定总是严格分析目标的有效反射面积，而是用相应目标的典型RCS值，如3dBsm来计算。评估检测距离时，仅仅指定RCS的平均值是不够的，还要考虑脉冲的积累处理等信号处理如何影响RCS的波动。

为了解决这样的问题，斯威林（P.Swerling）提出以下4种目标模型，将目标回波起伏和两种RCS的概率密度函数（PDF）组合起来[6,7]。

第1类：雷达截面积σ的PDF通过如下负指数函数表示的目标，称为瑞利起伏目标。

$$P(\sigma) = \frac{1}{(\sigma_{av})} \exp\left(-\frac{\sigma}{\sigma_{av}}\right) \qquad (\sigma \geq 0) \qquad (2.10)$$

式中，σ_{av}为RCS平均值。

假设起伏缓慢，每个脉冲的信号强度不变，但是，在天线旋转后的下一次扫描中，RCS与之前完全不同，这类起伏也称为"脉冲相关慢起伏"。

第2类：与第1类相同的瑞利起伏目标，但是每个脉冲独立起伏，被称为"脉冲独立快起伏"。

第3类：慢起伏，并符合卡方分布PDF的目标。

$$P(\sigma) = \frac{4\sigma}{(\sigma_{av}^2)} \exp\left(-\frac{2\sigma}{\sigma_{av}}\right) \qquad (\sigma \geq 0) \qquad (2.11)$$

第4类：每个脉冲快起伏，且RCS是遵循式（2.11）卡方分布PDF的目标。

物理上，第1类与第2类的瑞利起伏模型多适用于有近似RCS的散射点回波随机相加的目标。对于多个小散射点汇成的大反射体目标，一般认为按照式（2.14）的PDF起伏。

通常，对于所要求的检测概率，假设为第1类和第2类瑞利起伏目标时，起伏损失较大。在一般雷达中，假设为式（2.11）的情况较多。

关于起伏的速度，一般对每次扫描应用慢起伏模型。对于螺旋桨占有效反射面积主要分量的螺旋桨飞机，或者即使是微小的方向变化，有效反射面积也会大幅变化的物体，抑或使用脉冲重复周期非常慢的雷达等情况，可以认为属于每个脉冲都发生起伏的情况。

在雷达实施频率捷变或频率分集操作时，快起伏模型更具实用意义。

频率捷变是针对每个脉冲改变发射频率，频率分集是同时发送多个不同频率的脉冲。无论哪种情况，在频率分离度够高的情况下，构成目标的多个散射点以完全不同的相位关系叠加，有效反射面积的变化极大。也就是说，频率捷变的脉冲间快速起伏，以及频率分集中的接收频率间的积累，应该使用快起伏模型。

一般来说，快起伏中的脉冲积累效果明显，与慢起伏相比系数更小，这是捷变增益或者分集增益所致。

求解雷达方程时要根据上述原则确定合适的模型。

2.2.3 杂 波

估计杂波的信号强度分布，要应用多个模型，对比它们的性能[11]。

据信，高分辨率雷达的杂波的幅度强度服从对数正态分布或者韦布尔分布。因此这里分别介绍杂波估计的三个模型：对数正态分布、韦布尔分布、对数正态-韦布尔分布[10]。

对数正态分布的概率密度函数如下式所述：

$$p_{LN}(x) = \frac{1}{\sqrt{2\pi}\sigma x} \exp\left[-\frac{(\ln x - \mu)^2}{2\sigma^2}\right] \quad (x \geq 0, \ \sigma > 0) \qquad (2.12)$$

式中，x为接收信号强度；μ为$\ln x$的平均值；σ为$\ln x$的标准偏差。

这种分布呈长尾形状。

韦布尔分布的概率密度函数如下式所述：

$$p_W(x)=\frac{c}{b}\left(\frac{x}{b}\right)^{c-1}\exp\left[-\left(\frac{c}{b}\right)^c\right] \quad (x\geqslant 0,\ b>0,\ c>0) \tag{2.13}$$

式中，b为尺度参数；c为形状参数。

这种分布的分布形状能够根据参数灵活变化，包括指数分布、瑞利分布，而且与Γ分布和k分布相似。

对数正态–韦布尔的概率密度函数如下式所述：

$$p_{LW}(x)=\frac{c}{b}\left(\frac{\ln x}{b}\right)^{c-1}\exp\left[-\left(\frac{\ln x}{b}\right)^c\right] \quad (x\geqslant 1,\ b>0,\ c>0) \tag{2.14}$$

它同时具备韦布尔分布和有长尾的对数正态分布的优点[11]。

以图2.4(a)所示沥青路面两侧有建筑的道路环境为例，杂波的PDF拟合式（2.12）、式（2.13）、式（2.14）的分布模型如图2.7所示（雷达频率24GHz，波束宽度$\phi=75°$），在带宽1GHz以上的高分辨率雷达中接近对数正态分布。

然而，对于带宽10MHz的窄带雷达，仅通过拟合三种分布模型很难判断能建模成哪种分布。对此，可以使用AIC（赤池信息量准则）进行定量分布估计[11]。AIC是衡量统计模型拟合优良性的一种标准。

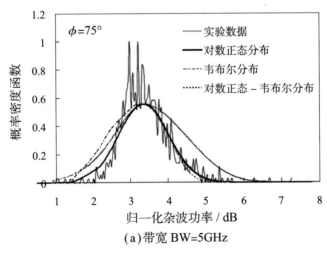

(a) 带宽 BW=5GHz

图2.7　杂波分布与概率密度分布（24GHz）

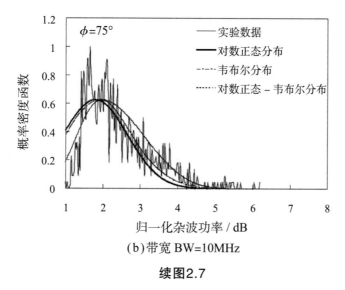

（b）带宽 BW=10MHz

续图2.7

结果如图所示，杂波与带宽及波束宽度无关，呈对数正态分布。另外，沥青路面两侧植被和地面等的杂波，带宽在500MHz以上的可近似为对数正态分布，在带宽100MHz以下的可近似为对数正态–韦布尔分布。究其原因，带宽500MHz以上高分辨率雷达的散射点回波和多径波的干扰较小，杂波之间的相关性较低，故遵循对数正态分布。但是，在带宽100MHz以下的信号，各散射波会形成干扰，不遵循对数正态分布。

2.3 雷达的体制

需要通过权衡性能要求（最大检测距离、速度、精度、响应性等）和抗干扰、可靠性、尺寸、成本等诸方面，来选择雷达的体制。

2.3.1 脉冲雷达

脉冲雷达波形如图2.8所示，以固定周期重复发射窄脉冲信号，根据目标回波的往返时间测量距离[1,2]。此时，目标距离R可通过下式计算：

$$R = \frac{c \cdot \tau}{2} \tag{2.15}$$

实际上，对同一个发射脉冲，会收到不同距离的、来自目标和环境的多个回波信号，需要通过各种空时信号处理来识别。可检测的最大距离不仅受雷达方程给出的灵敏度制约，对于重复周期T，还存在不模糊距离的限制：

$$R_{\max} \leqslant \frac{c \cdot T}{2} \tag{2.16}$$

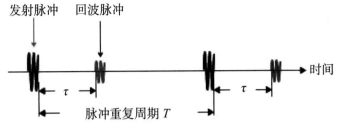

图2.8　脉冲雷达

因此，若同时接收多个回波时无法排除最大不模糊距离之外的回波的影响，就会出现无法识别的情况。这被称为"距离模糊"（range aliasing）。解决这一问题，需要适当加大脉冲间隔。

距离分辨率 ΔR 由脉宽 ΔT 决定：

$$\Delta R = \frac{c \cdot \Delta T}{2} \tag{2.17}$$

由上式可知，要减小距离分辨率，就需要减小脉宽。

根据脉宽 ΔT 和脉冲占用带宽 BW 的关系：

$$\mathrm{BW} \cong \frac{1}{\Delta T} \tag{2.18}$$

有

$$\Delta R \cong \frac{c}{2 \cdot \mathrm{BW}} \tag{2.19}$$

即，距离分辨率与带宽成反比。

2.3.2　多普勒雷达

连续波（CW）雷达是发射连续波信号的雷达，目标反射信号也是连续波信号（发射信号经多普勒频移的连续波信号）[1, 2]。

接收信号与基准信号混频，转换为中频 f_{IF} 后提供给后续的多普勒处理器。CW雷达可以通过测量收发信号之间的多普勒频移得知目标物体的接近速度，但由于它无法直接计算收发信号的时间差，因此无法确定目标的距离。如图2.9所示，假设目标与雷达的相对速度为 v、发射信号的波长为 λ、发射频率为 f_0，则发射信号和接收信号的多普勒频移为

$$\Delta f_d = \left(\frac{c+v}{c-v} - 1\right) \cdot f_0 \approx \frac{2v}{c} \cdot f_0 \qquad (2.20)$$

多普勒雷达主要用作气象雷达和机载雷达。例如，气象雷达通过观测云内降水粒子的移动速度可以确定风向，从而用于气象观测、龙卷风监视系统。

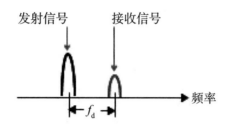

图2.9 多普勒雷达的收发信号频谱

2.3.3 调频连续波（FM-CW）雷达

FM-CW雷达的发射信号是经过频率调制的CW雷达信号[1,2]。如图2.10所示，FM-CW雷达采用相对简单的电路结构，可以同时测量距离和相对速度，即便相对速度为0。

FM-CW雷达的发射频率随着时间线性上下移动（发射频率的时间斜率为$\Delta f/T_m$）。设接收信号到前方车辆的距离为R，则往返距离$2R$的信号时延为$2R/c$，接收部分直接检测接收信号和发射信号，就能获取与距离R成正比的差频信号（中频信号）。信号处理部分对各差频信号进行傅里叶分析，通过峰值检测进行差频解调。例如，正斜率线性调频脉冲与负斜率线性调频脉冲的差频可各自表示为f_{b-up}、f_{b-down}：

$$\begin{aligned} f_{b-up} &= \frac{2R \cdot \Delta f}{c \cdot T_m} - f_d \\ f_{b-down} &= \frac{2R \cdot \Delta f}{c \cdot T_m} + f_d \end{aligned} \qquad (2.21)$$

式中，T_m为线性调频脉冲的周期；Δf为最大频移宽度。

在与目标存在相对速度的情况下，由于多普勒频移，正负斜率扫描时的差频不等，可以通过简单的计算确定距离和相对速度。另外如图2.10(d)所示，为了从多个障碍物的回波中识别特定车辆，可以对多个差频进行配对组合以估计每个目标的距离和相对速度。

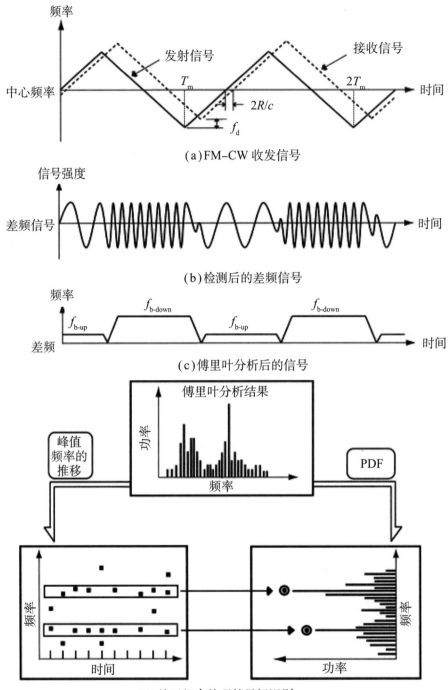

(a) FM-CW 收发信号

(b) 检测后的差频信号

(c) 傅里叶分析后的信号

(d) 基于组合处理的目标识别

图2.10　FM-CW雷达的频率–时间关系

这里，优先根据估计结果预测车辆的距离，并通过处理方位向的傅里叶分析来减少计算量。

如上所述，FM-CW方式能够以相对低速的信号处理实现高距离分辨率，在许多雷达系统中都能见到它的身影。但在多目标环境中，配对处理难免出错，很难正确估计相对速度和距离。

2.3.4 双频雷达

双频雷达交替发射两种频率（f_1和f_2）的连续波信号，将目标反射的回波和发射信号混频，生成差频信号，并通过解调差频信号来检测目标的距离和相对速度[1, 2]。这种雷达的调制方式与数字通信中的频移调制类似，也被称为"频移键控"（frequency shift keying，FSK）。

其工作原理如图2.11所示，通常由高频率稳定性的频率合成器（PLL或PLO）生成发射信号向目标发射。一方面，一部分发射信号通过耦合器分路后作为接收混频器的本振信号。另一方面，接收信号与前述发射信号的一部分混频生成差频信号。对该差频信号进行傅里叶分析，即可计算出目标的距离和相对速度。

综上，与FM-CW雷达相比，双频雷达测量相对速度的精度高一个数量级，但其基于相位差测距原理，存在无法分辨等速目标（相对速度为0）的问题。

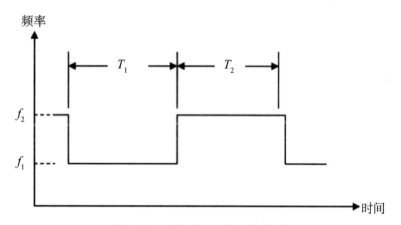

图2.11 双频雷达的发射信号

2.3.5 快速线性调频信号（FCM）雷达

快速线性调频信号（fast chirp modulate，FCM）雷达波形如图2.12(a)所示，频率按锯齿波变化，将一个变化周期的发射信号波形作为一个线性调频脉冲（称为"啁啾"，Chirp）。与FM-CW雷达相比，FCM雷达能够在较短周期内发射多个Chirp并接收目标的回波[12, 13]。接收信号的处理与FM-CW雷达相同，根据与发射信号直接混频得到的差频信号进行二维傅里叶变换，就可以得到目标的距离和相对速度。具体来说，差频信号的频率与目标的距离成正比。因此，如

图2.12(b)所示进行距离维的傅里叶变换，处理一系列Chirp回波信号，可以得到 N 个在同一处存在峰值的集合。

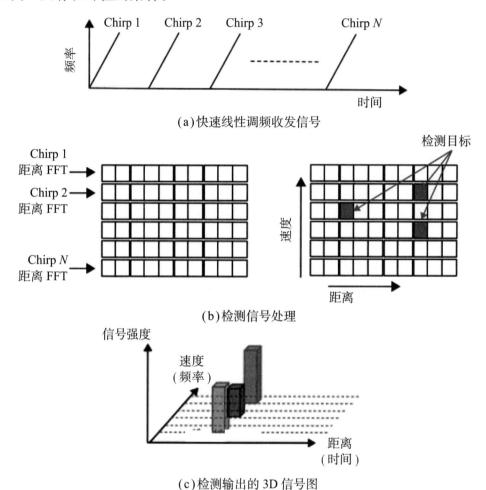

(a)快速线性调频收发信号

(b)检测信号处理

(c)检测输出的 3D 信号图

图2.12　快速线性调频信号的处理方式

　　由于相位不同，各目标的相位贡献表现为图2.12(b)横轴和纵轴的向量。另外，傅里叶变换得到的是一系列离散的频率点的幅度和相位信息，在距离相对应的频率点上会出现峰值。因此，通过检测峰值频率可以确定目标的距离。此外在目标产生相对速度的情况下，利用差频信号之间出现的多普勒相位变化，便可计算出相对速度。

　　例如，目标相对速度为0时，接收信号中不产生多普勒分量，各Chirp的回波信号的相位全部相同。反之，则各Chirp的回波信号之间会产生相位变化。因此，对差频信号进行傅里叶变换得到的峰值信息中就包含该相位信息。然后对 N 个向量进行多普勒维的傅里叶变换，即把由各差频信号得到的相同目标的峰值信息按照时间排列，通过第二次傅里叶变换从相位信息中求出多普勒频移，通过该频率即可求得相对速度。

因此，根据检测得到的差频信号进行二维傅里叶变换，可以同时计算出目标的距离和相对速度。

FCM雷达能够通过上述简单的处理方法解决FM-CW雷达的配对错误问题，近年来备受瞩目，美国TI公司和德国Continental公司等都在这方面进行了深入研究。TI公司于2017年推出的毫米波评估板IWR1443BOOST及其功能框图如图2.13所示。

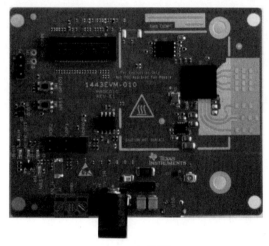

(a)实物图

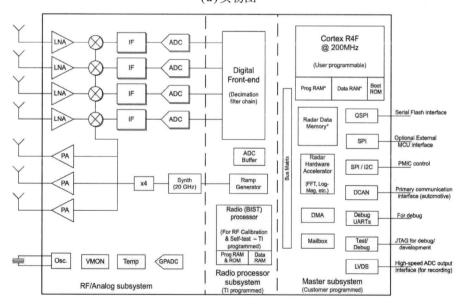

(b)功能框图

图2.13　TI公司的IWR1443BOOST评估板（截自TI技术文档）

集成评估板和数据采集板的毫米波雷达设备如图2.14所示。

图2.14　实验用毫米波雷达设备

2.3.6　频率步进雷达

频率步进雷达的原理框图如图2.15(a)所示[14]，间歇性发射图2.15(b)所示通过PLO或PLL步进变频的窄带脉冲串。接收部分对信号进行直接下变，对IQ信号进行AD转换。将一帧中的各个IQ信号集中起来进行IDFT（离散傅里叶逆变换），合成为超短脉冲，增强距离分辨率。例如，设频率步长为Δf、步进数为N、目标物距离为d，则第n个检测输出R_n可表示为下式：

$$R_n = A_n \exp\left(-j\theta_n\right) \tag{2.22}$$

$$\theta_n = 2\pi(f_c + n\Delta f)\cdot \frac{2d}{c} \qquad (n = 1, 2, ..., N) \tag{2.23}$$

式中，A_n为幅度；f_c为起始频率；c为光速。

因此，$n = 1 \sim N$的合成带宽为$N\Delta f$，距离分辨率ΔR由下式定义：

$$\Delta R = \frac{c}{2N\Delta f} \tag{2.24}$$

接着，通过IDFT处理将R_n（$n = 1, 2, \cdots, N$）变换到时域，计算距离像。

这里，假设静止目标的反射信号强度A_n可近似为A，即$A_n \approx A$，那么距离像可由下式给出：

$$R(\phi) = N \cdot A \cdot \left| \frac{\text{sinc}\left[\pi \left(\phi - N\Delta f \frac{2d}{c} \right) \right]}{\text{sinc}\left[\frac{\pi}{N} \left(\phi - N\Delta f \frac{2d}{c} \right) \right]} \right| \qquad (\phi = 0,1,...,N-1) \qquad （2.25）$$

因此，根据式（2.25）所示距离像出现尖峰的 ϕ 值，可通过下式估计距离 d：

$$d = \frac{c\phi}{2N\Delta f} \qquad （2.26）$$

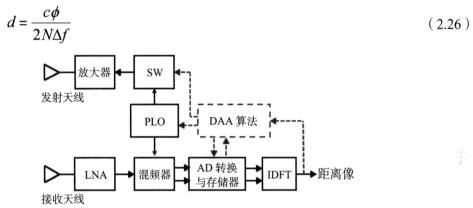

SW：快速开关电路　　PLO：锁相振荡器
LNA：低噪声放大器　　DAA：探测与避让

(a)原理框图

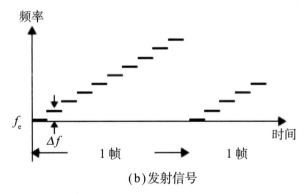

(b)发射信号

图2.15　频率步进雷达的原理框图与发射信号波形

频率步进雷达的一个特点是能够方便地实现干扰探测与避让（Detect and Avoidance，DAA）[15,16]。

如图2.16(a)所示，间歇性发送窄脉冲，能避免在一个频带持续发射，减少对其他无线设备的干扰。

进一步通过设置频谱孔，能避免发射频谱影响其他无线系统，如图2.16(b)所示。可见，这既避免了干扰其他无线系统，也不受其他信号干扰。

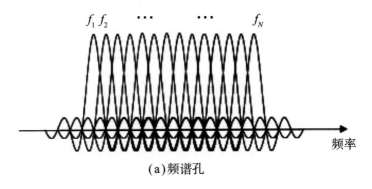

(a)频谱孔

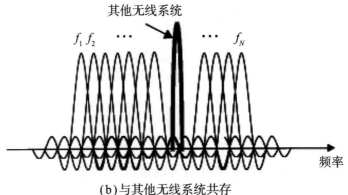

(b)与其他无线系统共存

图2.16　频率步进信号的频谱

　　频谱孔将导致目标附近出现距离旁瓣的局部恶化，但可以通过对频谱孔进行插值加以改善[14]。

2.4　雷达的性能

2.4.1　距离分辨率

　　如前所述，脉宽与带宽成反比，最小检测距离和距离分辨率取决于脉宽。

　　设距离分辨率为ΔR，则有

$$\Delta R = \frac{c\tau}{2} \tag{2.27}$$

式中，c为光速$3 \times 10^8 \mathrm{m/s}$。

　　因此，若目标物在ΔR以内，则无法分辨。

2.4.2　方位分辨率

方位分辨率由天线的孔径决定。以抛物面天线为例，波束宽度θ为

$$\theta > 70\frac{\lambda}{D} \tag{2.28}$$

式中，λ为波长；D为天线的孔径。

可见，随着天线孔径的增大，波束宽度减小，角度方向的分辨率提高。

2.5　先进雷达技术

单片微波集成电路（monolithic microwave integrated vircuit，MMIC）已经集成了发射放大器、接收用低噪声放大器（LNA）、移相器、收发开关和相应的控制电路，进一步制成包括阵列天线在内的收发模块，实现了小型化、高效率化和实用化。

在雷达信号处理领域，通过对阵列天线接收信号进行AD转换、数字信号处理等，开发出了数字波束成形（DBF）等先进技术。通过DBF，能够形成多种天线方向图，如适用于干扰、杂波环境的天线方向图。

这种先进技术雷达系统的前提是，能够准确提取每个阵列天线接收信号的幅度和相位信息。从接收信号中提取幅度和相位的方法称为"正交解调"或"IQ解调"。图2.17是模拟正交解调和数字IQ解调的框图。特别是数字IQ解调，精度高，不需要对零漂进行校准。正交解调也被称为零中频接收，与超外差方式相比，元件少且能够实现低功耗、小型化与轻量化，在很多雷达系统中都有应用。

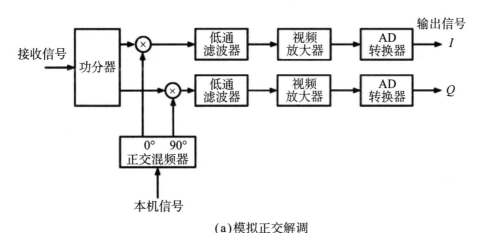

(a)模拟正交解调

图2.17　解调方式

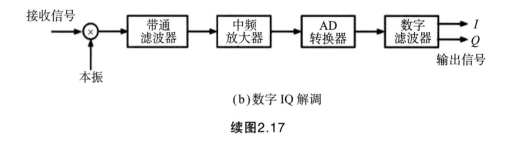

(b)数字 IQ 解调

续图2.17

2.5.1　超宽带技术

超宽带（UWB）技术起源于20世纪80年代后期美国国防部高级研究计划局（DARPA）的军事研究，利用雷达技术识别墙等障碍物后面的物体。1994年美国将其解密，1998年美国联邦通信委员会（FCC）发布了关于法律制度变更的咨询公告后，2002年2月FCC正式许可民用。自此，各国迅速展开了UWB技术在通信/传感器（雷达）领域的研究。

UWB是指500MHz以上带宽或20%以上相对带宽（相对于中心频率的带宽），由于占用带宽极大，考虑到它与既有无线系统的干扰，其功率谱密度（PSD）被限制在−41.3dBm/MHz。现在，UWB技术带来的距离分辨率（高精度测距）和抗多径、抗干扰等特性，正广泛应用于近距离高速无线通信、传感器、车载雷达等领域，还将应用于汽车智能无钥匙进入系统、医疗成像、无人机飞行位置的监控系统。特别是图2.18所示的79GHz频段的雷达，其距离分辨率、速度分辨率、角度分辨率都比24GHz频段的雷达优异。

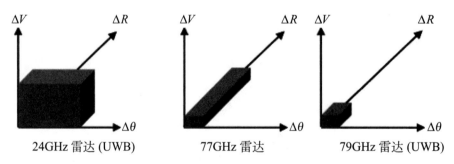

图2.18　79GHz超宽带雷达的特点

2.5.2　先进天线技术

毫米波频带可用带宽大，且波长短，即使是小型天线也能实现高灵敏度。因此，使用多个阵列天线实现自适应阵列、到达方向估计（DOA）、MIMO等先进技术，是当前的主要研究方向。

这些技术看似不同，但都是利用阵列天线的加权因子来控制接收信号的幅度和相位，并将它们合成用以控制方向性[17]。

1. 相控阵天线

如图2.19所示，通过控制与各天线单元连接的移相器的相移量，对波束方向进行电子扫描（通过时分切换），波束方向θ_0的相位φ由下式给出：

$$\varphi = \frac{2\pi d \sin \theta_0}{\lambda} \tag{2.29}$$

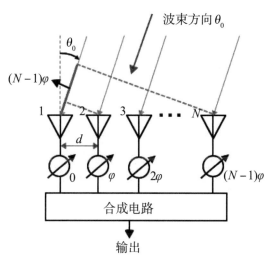

图2.19　相控阵天线

2. 自适应阵列天线

如图2.20所示，通过多个加权因子对各天线元件的幅度和相位进行最优控

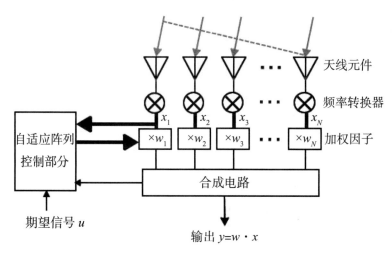

图2.20　自适应阵列天线

制，就能形成所需的波束。例如，将波束指向期望方向的同时，在干扰波的方向形成波束零点。

3. 数字波束成形

与采用模拟移相器不同，如图 2.21 所示，接收信号转换为基带或中频信号后，经 AD 转换器转换为数字信号，再通过数字信号处理来调整相位和幅度，可以形成任意方向上的多个波束和零点（在数字信号部分进行自适应阵列合成）。因此可以对接收信号采用不同的方法并行处理，同时得到多个结果（多波束形成）。

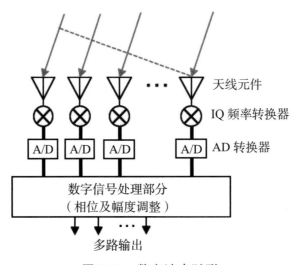

图 2.21　数字波束赋形

2.6　雷达信号处理技术

如前所述，雷达接收的信号中包含各种各样的噪声和杂波。信号处理的目的是去除输入信号（接收信号）中的噪声和杂波，以便提取信息，同时提高信息质量。

通常，雷达信号处理大致可分为两类：

· 抑制、减小噪声和杂波的滤波

· 源于参数估计处理的信号检测

以航空管制雷达为例，运动的飞机是目标，所以通过脉冲多普勒雷达确定目标的速度，从而检测出动目标。动目标指示器（moving target indicator，MTI）[1-3]

就是用于信号处理的线性数字滤波器。它将固定目标的回波当作杂波进行抑制，并检测移动目标的回波。这对地面杂波的抑制非常有效，但对天气杂波（如被风吹动的云）完全没有效果。

线性预测滤波器是从MTI演变而来的数字滤波器[5]。它基于线性预测理论，针对输入杂波，自适应改变滤波系数，能够抑制各种杂波。但是线性预测滤波器只考虑杂波的性质，完全不考虑目标信息。

利用目标信息的是比线性预测滤波器更先进的自适应杂波多普勒滤波器（clutter adaptive multi-doppler filter，CAMDF）。它比线性预测滤波器更加完善，并具备利用恒虚警（constant false alarm rate，CFAR）检测电路进行后处理的功能。此外，根据不同的应用目的、目标类型和杂波性质，基于偏自相关滤波器的杂波抑制、基于二次线性预测的杂波抑制、基于纹理分析的杂波识别、利用索贝尔滤波器的形状识别、使用雷达反射信号强度分布的形状估计等各种信号处理技术，也都在研究中。

参考文献

［ 1 ］吉田孝. レーダ技術. 電子情報通信学会, 1984.

［ 2 ］SKOLNIK M. Introduction to radar systems, second edition. McGraw-Hill, 1980.

［ 3 ］SKOLNIK M. Radar handbook, second edition. McGraw-Hill, 1990.

［ 4 ］山口芳雄. レーダポーラリメトリの基礎と応用 - 偏波を用いたレーダリモートセンシング - . コロナ社, 2007.

［ 5 ］関根松夫. レーダ信号処理技術. 電子情報通信学会, 1991.

［ 6 ］STEVENTS M. Secondary surveillance radar. Artech House, 1988.

［ 7 ］電波とリモートセンシング. 日本リモートセンシング学会誌, 1988, 12(1): 43-101.

［ 8 ］DOVIAK R, ZRNIC D. Doppler radar and weather observations. Academic Press, 1984.

［ 9 ］西村康. 遺跡調査と電磁計測. 資源・素材学会, 第2回地下電磁計測ワークショップ論文集, 1992, (12): 1-6.

［10］唐沢好男. デジタル移動通信の電波伝搬基礎. コロナ社, 2003.

［11］関根松夫. レーダ信号処理技術. コロナ社, 2006.

［12］青柳靖. 24GHz帯周辺監視レーダの開発. 古河電工時報, 2018, 137(2) .

［13］Short range radar reference design using AWR1642. Texas Instruments. 2018.

［14］中村僚兵, 梶原昭博. ステップドFM方式を用いた超広帯域マイクロ波センサ. 信学論B, 2011, J94-B(2): 274-282.

［15］梶原昭博, 久保山静香. ステップドFM-UWB電波センサの干渉回避技術. 信学論B, 2017, J100-B(3): 210-213.

［16］大津貢, 中村僚兵, 梶原昭博. ステップドFM による超広帯域電波センサの干渉検知・回避機能. 信学論B, 2013, J96-B(12): 1398-1405.

［17］菊間信良. アレーアンテナによる適応信号処理. 科学技術出版, 2011.

毫米波的频率为30GHz～300GHz，是手机和无线局域网使用频率的10～100倍。利用其波长短、可用带宽大的特性，可以将肉眼不可见或很难见的目标展示为可视化图像，或通过高精度测量来检测目标的动作和状态。有关微波特性可参考其他书籍或文献，本章重点介绍毫米波雷达领域备受瞩目的准毫米波（24GHz频段）和毫米波（79GHz频段）的透射和散射特性，介绍作为雷达性能衡量指标的各种目标的雷达截面积，以及杂波归一化雷达截面积。

3.1 毫米波雷达概述

毫米波雷达全系统框图如图3.1所示。发射信号经FM-CW、FCM等预调制，倍频后从各天线单元发射。目标的回波被接收天线单元接收后，直接送入低噪声放大器（LNA）。为了有效放大微弱信号，雷达常采用超外差方式。但近年来为了减少元件并追求制成单片微波集成电路（MMIC），逐渐采用零中频方式。虽然零中频存在动态范围不足、互调失真大的问题，但是得益于数字信号处理的发展，目前可以在一定程度上加以弥补，能够在降低成本的同时提高接收机的性能。另外，由于毫米波振荡器的相位噪声大，现多采用PLL（锁相环）电路产生参考信号。

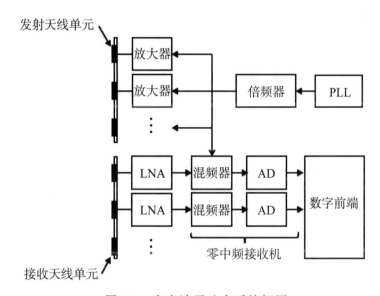

图3.1 毫米波雷达全系统框图

与航空管制雷达、船舶雷达不同，毫米波雷达需要提高分辨率来检测行人或生理信息等较小的目标或动作。例如，在79GHz频带可以使用最大3～5GHz的带宽，可以通过加大宽带实现高距离分辨率。但同时还要追求小型/轻量化，以至于难以通过增大天线孔径来实现高的方位角分辨率。现在的毫米波天线多采用含有多个辐射单元的阵列天线，以便在小型化的同时获得高灵敏度。由此，有望通过阵列合成多重信号分类（MUSIC）算法或虚拟阵列多入多出（MIMO）技术接近激光雷达（LIDAR）的分辨率。未来随着毫米波段的移相器和共形阵的实用化，可以期待有源相控阵实现高分辨率和高信噪比。

3.2　散射、透射特性

3.2.1　散射特性

1. 表面散射

作为反射雷达信号能力的评价指标，雷达截面积取决于目标表面的粗糙度。如图3.2(a)所示，当以某个角度入射镜面时，所有入射波都被镜面反射。如果在镜面方向设置接收天线，就会接收到强反射信号；如果像单基地雷达那样，收发天线在同一位置，就会无法接收信号[1-4]。但是如图3.2(b)所示，如果目标表面有些粗糙，则镜面分量减小，入射波的一部分就会朝镜面反射以外的方向散射，即漫反射。如图3.2(c)所示，随着表面进一步变粗糙，镜面反射波逐渐消失，最终只剩下漫反射波。这种粗糙的散射面被称为朗伯表面（Lambertian surface）。

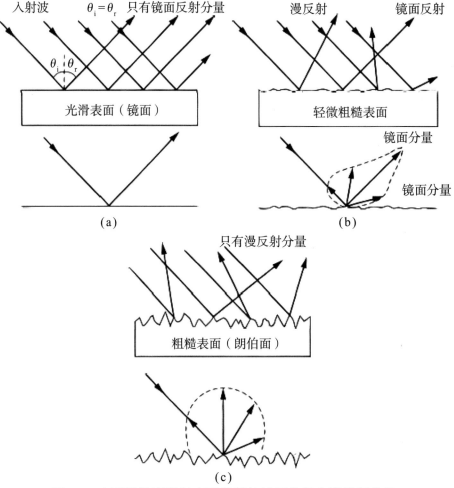

图3.2　表面粗糙度引起表面散射的镜面分量和漫反射分量
（来源：大内和夫，《遥感用合成孔径雷达的基础》第2版）

粗糙度的衡量标准由波长和入射角定义，图3.3展示了入射角θ_i、粗糙度σ_H的散射面的情况[5]。这里，σ是平均高度为0的参照面的凹凸标准误差值。从图上可以看出从雷达到散射面的往返路径长度差。

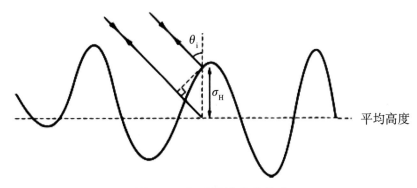

图3.3 表面粗糙度的基准

（来源：大内和夫，《遥感用合成孔径雷达的基础》第2版）

一般运用瑞利判据定义表面：

$$\sigma_H \ll \frac{\lambda}{8 \cdot \cos\theta_i} \quad （光滑表面）$$

$$\sigma_H \approx \frac{\lambda}{8 \cdot \cos\theta_i} \quad （轻微粗糙表面） \quad (3.1)$$

$$\sigma_H \gg \frac{\lambda}{8 \cdot \cos\theta_i} \quad （粗糙表面）$$

另外，光滑的表面也有一定的高度变化，与绝对平整的镜面有区别。而且，对微波来说是平滑的表面，对于毫米波可能是粗糙的表面。

图3.4所示为表面散射引起的雷达截面积的一般趋势。光滑表面的散射，镜面波大，漫反射波小。因此与轻微粗糙和粗糙表面相比，在小入射角下，光滑表面的雷达截面积较大；但随着入射角变大，其截面积会变小。

2. 散射特性

下面以路边设置的距离指示牌（40cm × 18cm）和路标指示牌（25cm × 40cm）为例，讨论其散射特性。各自的RCS理论值和实测值如图3.5所示。

其中，水平角θ在±15°的范围内。

以距离指示牌和路标指示牌为例，表面光滑的金属板的RCS值由下式给出[4]：

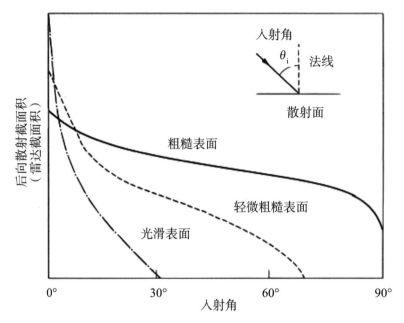

图3.4　后向散射截面积与入射角的关系
（来源：大内和夫，《遥感用合成孔径雷达的基础》第2版）

$$\sigma_{\text{FlatPlate}} = \frac{4\pi A^2}{\lambda^2} \left[\frac{\sin\left(\dfrac{2\pi}{\lambda} b \sin\theta \right)}{\dfrac{2\pi}{\lambda} b \sin\theta} \right]^2 \cos^2\theta \tag{3.2}$$

式中，$4\pi A^2$ 为平板的面积；λ 为波长；b 为平板的纵向边长；θ 为指向平板的入射角。

距离指示牌和路标指示牌的实测值分别比正面方向的理论值小约8dB、10dB，原因分别如下。

距离指示牌金属板面覆有薄膜反射材料，上面又贴着同样由反射材料制成的数字（厚1mm左右）。在没有薄膜的情况下，光滑平面的反射波的相位是相干的。但是，数字薄膜边缘由于阶梯差而呈粗糙散射面（朗伯表面），各散射波的相位不相干，因此实测值比理论值小8dB左右[13]。

路标指示牌金属板面覆有厚1cm左右的凸状树脂制反射材料。79GHz频段的波长约3.8mm，小于树脂反射材料的厚度。因此，金属板的回波通过树脂反射材料的透射、折射或干涉，使得RCS值呈锯齿状[6,7]。

这样的透射和散射特性及空间分辨率等毫米波特征可以用于车载雷达和成像

技术的新应用，隧道和公寓等混凝土内部裂纹及剥离的无损探伤及非侵入式血糖监测也在研究中[8-10]。

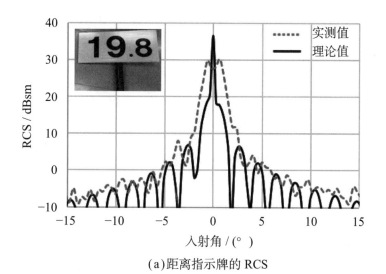

(a)距离指示牌的 RCS

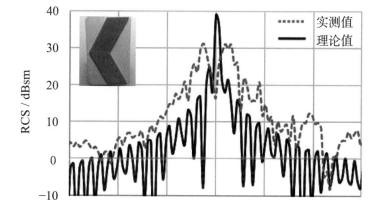

(b)路标指示牌的 RCS

图3.5　目标的雷达截面积

3.2.2　透射衰减特性

近年来，应用毫米波特性而研发的室内高速无线通信设备和车载雷达，以及看护、医疗保健技术备受期待。不过，随着建筑物和城市空间大量应用毫米波技术，需要寻求系统之间的抗干扰手段。图3.6所示为79GHz频段毫米波的建筑材料（窗户玻璃和墙壁）无线电透射衰减特性。为了方便比较，这里附上24GHz频段的衰减特性。其中，分别展示了住宅用的①5mm厚玻璃、②5mm厚磨砂玻璃、③12mm厚双层中空玻璃（2块5mm厚玻璃之间夹着2mm厚干燥空气密封空间，增强了隔热效果）、④6.8mm厚安全玻璃（2块3mm厚玻璃之间夹有0.8mm厚的特殊薄膜，提高了强度及紫外线遮挡效果）、⑤70mm厚内墙（2块石膏板夹着50mm隔热材料）、⑥60mm厚混凝土外墙的衰减特性。

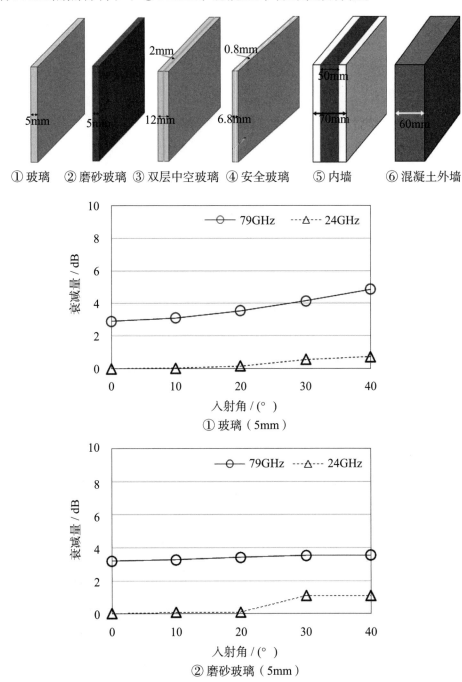

图3.6 建筑材料的无线电透射衰减特性

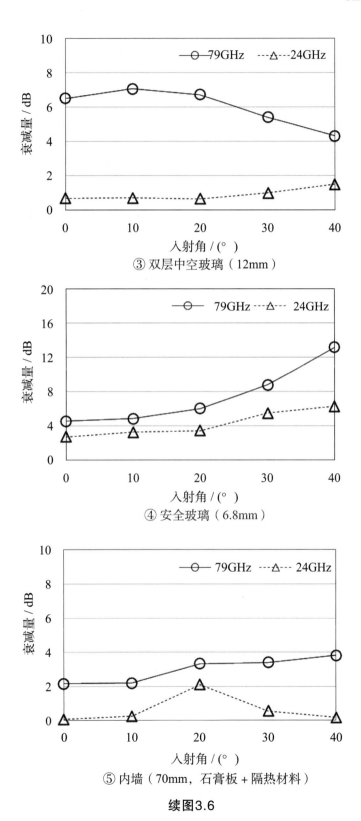

③ 双层中空玻璃（12mm）

④ 安全玻璃（6.8mm）

⑤ 内墙（70mm，石膏板＋隔热材料）

续图3.6

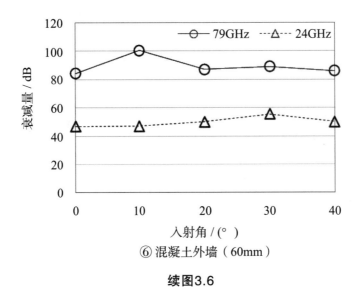

⑥ 混凝土外墙（60mm）

续图3.6

　　一般来说，玻璃的衰减特性主要取决于受厚度影响的频率选择性和玻璃本身的透射衰减。

　　对于5mm厚的①玻璃和②磨砂玻璃，24GHz和79GHz的衰减特性有2～3dB的差异。随着入射角的变大，通过玻璃的路径会变长，而衰减量与入射角成正比，可知衰减量主要取决于透射衰减。磨砂玻璃的表面粗糙度与79GHz的波长相比非常小，表面加工的影响小。

　　79GHz频段下的③双层中空玻璃，入射角10°附近的衰减最大。原因是玻璃自身的衰减虽然较小，但双层中空玻璃结构具有频率选择性。具体来说，8GHz频段的波长为3.75cm，半波长与玻璃厚度相当，在玻璃之间的中空层容易形成无线电谐振（屏蔽），难以透射。

　　④安全玻璃的薄膜仅0.8mm厚且没有频率选择性，故其衰减量随着入射角的增大而增大。

　　观察⑤内墙，24GHz的入射角20°处变大了2dB，主要是隔热材料的影响。

　　接下来是60mm厚的混凝土外墙，79GHz和24GHz的衰减量分别为80dB、40dB。79GHz的入射角10°处衰减稍大，可能是混凝土中气泡的影响（气泡大小和气泡间隔）。

3.3　雷达截面积

3.3.1　测量方法

目标信号的接收功率P_r可用下式表示[2]：

$$P_r = \frac{G^2 \lambda^2 \sigma}{(4\pi)^3 R^4} P_t \tag{3.3}$$

式中，G为天线增益（dB）；λ为波长（m）；σ为雷达截面积（RCS）。这里假定收发天线相同，且测量系统没有损耗[11]。

2.2节也曾说明，有关目标的全部信息都包含在雷达截面积σ中，无论距离、雷达发射功率如何，都需要用σ表示目标固有的大小。

为此，雷达截面积（雷达后向散射截面积）的定义如下：

$$\sigma = \sigma(\theta, \varphi) = \lim_{R \to \infty} 4\pi R^2 \left| \frac{E_s(\theta, \varphi)}{E_i} \right|^2 \tag{3.4}$$

式中，E_i为目标的入射电场；$E_s(\theta, \varphi)$为目标的散射电场；(θ, φ)为球坐标参数。

从式（3.4）来看，$\sigma(\theta, \varphi)$表示入射至目标的能量朝哪个方向以怎样的强度散射，与入射功率在所有方向均匀辐射相比，它表示的是特定方向辐射的功率比。

但是，该雷达方程基于理想的测量环境，实际环境中的RCS计算必须考虑测量系统损耗。即目标的σ要以正确的RCS为既有标准，通过下式计算[3-10]：

$$\sigma = \left(\frac{P_r}{P_0} \right) \cdot \left(\frac{R}{R_0} \right) \cdot \sigma_0 \tag{3.5}$$

式中，R和P_r分别为目标距离和接收功率；σ_0为标准角反射器的RCS（m²）；R_0和P_0分别为标准角反射器的距离和接收功率。

另外，RCS值虽然不依赖带宽，但为了避免目标以外的无用反射波和多径波的影响，一般使用W波段矢量网络分析仪（VNA）在微波暗室内测量，如图3.7所示。

典型形状金属目标的RCS参见表3.1。目标的RCS不仅取决于目标的大小和表面粗糙度，还取决于波长（频率）。另外，与其他目标相比，三面角反射器由于始终在入射方向返回反射波，RCS最大，故经常用于雷达的接收功率标定。标定用的角反射器，一边长度最好在8倍波长以上。表3.2给出了RCS大小和后向散射模式的主瓣宽度（方向性）。金属面为正方形时，与面积只有其一半的三角形相比，后向散射的指向性变强，且RCS最大值会变大10dB左右。

(a)大型微波暗室内的测量情景

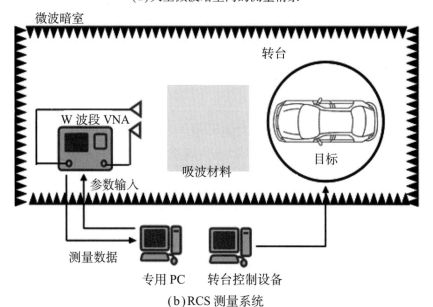

(b)RCS 测量系统

图3.7 大型微波暗室和车辆RCS测量

表 3.1 典型形状金属目标的 RCS

形　状	RCS	备　注
球	πa^2	$2\pi a/(\lambda>10)$ a 为半径
圆　板	$\dfrac{4\pi^3 a^4}{\lambda^2}\left[2\dfrac{j_1(u)}{u}\right]^2\cos^2\theta$	$u=4a\sin\theta/\lambda$ θ 为法线夹角
方　板	$\dfrac{4\pi A^2}{\lambda^2}\left[\dfrac{\sin(kb\sin\theta)}{kb\sin\theta}\right]^2\cos^2\theta$	$S=4\pi A^2$ 为表面积（正常入射）
圆　柱	$\dfrac{2\pi al^2}{\lambda}\left[\dfrac{\sin N}{N}\right]^2\cos\theta$	a 为半径 l 为长度 $N=2\pi l\sin\theta/\lambda$ θ 为对侧法线夹角
圆　锥	$\pi a^2\tan^2\alpha$	α 为半角 a 为底半径 θ 为 0（锥顶入射）

表 3.2 典型角反射器的 RCS

	RCS（最大值）	备　注	主瓣宽度
正方形三面角反射器	$12\pi a^4/\lambda^2$	a 为长度	23°
两面角反射器	$8\pi a^2 b^2/\lambda^2$	a 为长度，b 为宽度	30°
三角形三面角反射器	$4\pi a^4/\lambda^2$	a 为长度	40°

3.3.2　RCS特性

与微波段相比，毫米波段具有较强的直线性和较大的大气衰减，主要应用于中短距离的车载雷达或室内目标检测，通常用在距离300m以下。下面，以车辆、人体、无人机（DJI Phantom 3）、轮胎、油罐、纸箱、螺丝等目标介绍RCS特性。部分目标的尺寸请参考图3.8。

这里举例的人体为年轻男性，车辆为普锐斯牌轿车。需要处理从各个方向测量目标时的反射信号强度来得到RCS值，这就要求在屏蔽外部电磁波且无目标以外反射的微波暗室内进行测量。微波暗室的内部由金属屏蔽材料组成的法拉第笼和吸波材料（电磁波吸收材料或结构）构成。但在实际测量中，仍然存在转台和吸波材料的反射波，还应设法避免无用回波进入目标测量范围。

1. RCS和带宽的关系

目标的RCS会根据观察角度的不同而大幅变化。这是因为一旦照射角变化，目标上的多个散射点也会移动。尤其是复杂表面形状的目标，由于各散射波间的相位关系引起干涉，导致RCS发生较大变化。

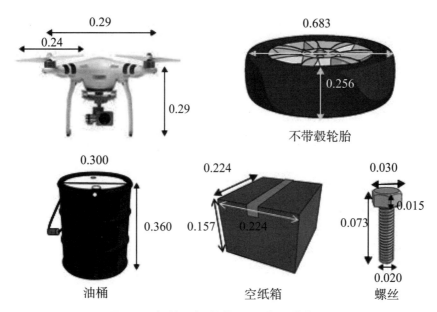

图3.8　各种目标的物理尺寸（单位：m）

因此RCS的角度特性因带宽而异，如图3.9所示车辆（普锐斯）角度（方位）的RCS图（79GHz频段）。图中，右半圆为1GHz带宽的超宽带雷达的RCS角度分布，左半圆为10MHz带宽的窄带雷达的RCS分布。270°为目标（车辆）的正面方向。

根据图3.9，窄带雷达可见细小的角距起伏（闪烁）达20dB以上，而超宽带

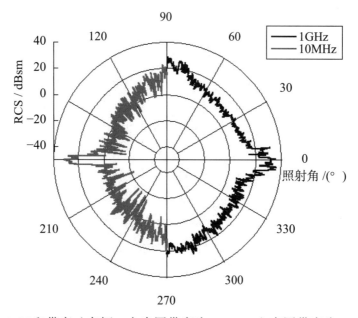

图3.9　RCS和带宽（车辆：右半圆带宽为1GHz，左半圆带宽为10MHz）

雷达的角距起伏平缓，起伏幅度只有几分贝。原因是接收信号是车辆表面多个散射点的集合体，随着带宽增大，散射波的距离分辨率提高，散射波之间的干涉概率变小，故起伏减小。

车辆（普锐斯）和人体的RCS概率密度如图3.10所示。由图3.10(a)可见，RCS根据车辆的入射角而异，且复杂目标的RCS能够通过韦伯分布拟合（建模），与参考文献［12］一致。人体具有相对对称的形状，与无线通信中的多径波信号强度相同，能够通过对数正态分布拟合。

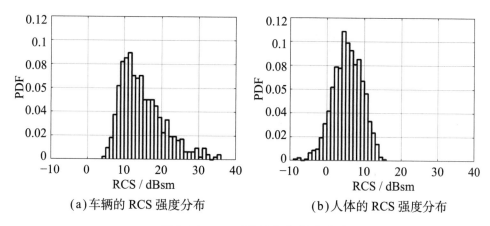

(a)车辆的 RCS 强度分布　　　　(b)人体的 RCS 强度分布

图3.10　RCS强度分布概率密度

24GHz频段、60GHz频段、79GHz频段的无人机RCS强度分布如图3.11所示。虽然无人机的形状相对复杂，但与人体一样呈对称形状，近似于对数正态分布，且平均值随着频率升高而增大。

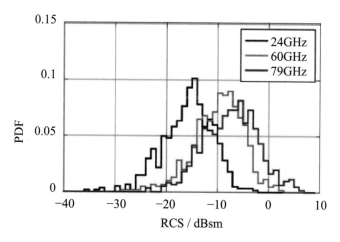

图3.11　各种频段的RCS强度分布（无人机）

2. RCS和频率的关系

　　微波和毫米波段的车辆与人体的RCS（平均值和中心值）如图3.12所示，近似呈对数正态分布，平均值与中心值基本一致，且RCS随频率增大。对比人体与车辆的RCS，车辆RCS随频率的增大率更高，原因是相对于波长，车辆表面更平坦。

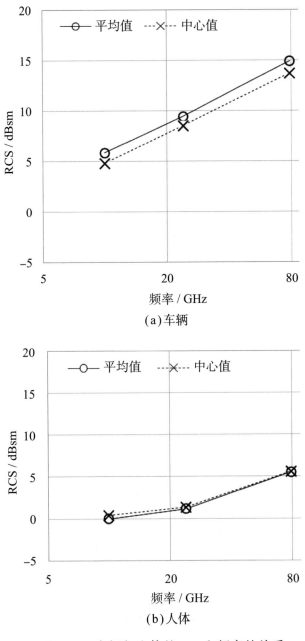

图3.12　车辆与人体的RCS和频率的关系

3. 各种目标的RCS

车辆、无人机、人体、轮胎、油桶、纸箱、螺丝的RCS（收发同为垂直极化）如图3.13所示。可见除了纸箱和油桶，79GHz频段和24GHz频段一样，目标的投影面积越大，RCS越大。例如，平均投影面积依次为车辆＞人体＞轮胎＞无人机＞螺丝，RCS也是这样的顺序。

油桶的桶身上有两道6mm深的筋槽和8mm深的桶盖接合筋。24GHz的RCS之所以大，是因为筋槽类似两面角反射器，即使没有正对照射，筋槽和桶身表面的反射波也会发生同相干涉。

介电常数小的纸箱呈立方体且表面平坦，会全向散射，因此前向反射少，散射波占主导地位，纸板中的蜂窝结构也会反射信号。

理论上轮胎的角度依赖性是最小的，但受花纹沟的影响也有8dB的变化。

粗糙目标的RCS起伏幅度较大。例如，无人机的旋翼比本体大，螺丝有粗糙的螺纹。因此，可以认为RCS的起伏取决于相对表面粗糙度。

上面说明的是垂直极化照射、垂直极化接收时的RCS特性。由于目标的表面形状不同，垂直方向和水平方向的粗糙度也不同。图3.14所示为相同轮胎和纸箱采用水平极化照射、水平极化接收时的RCS。轮胎有4条深花纹沟，受此影响，水平极化的轮胎RCS与图3.13(d)所示截然不同。不过纸箱的RCS差异不大。此外，带毂轮胎的平均RCS比不带毂轮胎大了4～5dB。

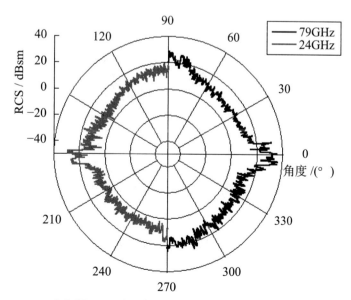

(a) 车辆的 RCS（左半圆 24GHz，右半圆 79GHz）

图3.13 79GHz和24GHz频段的RCS特性（垂直极化）

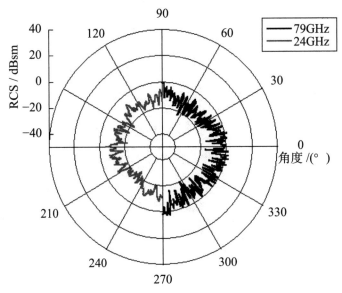

(b)无人机的 RCS（左半圆 24GHz，右半圆 79GHz）

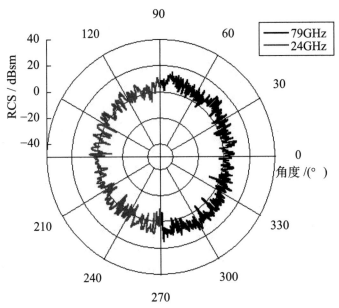

(c)人体的 RCS（左半圆 24GHz，右半圆 79GHz）

续图3.13

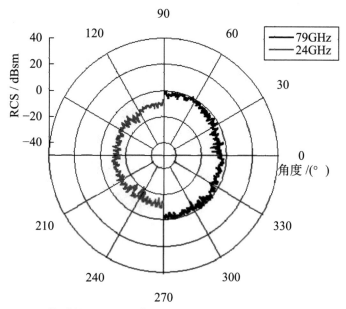

(d)轮胎的 RCS（左半圆 24GHz，右半圆 79GHz）

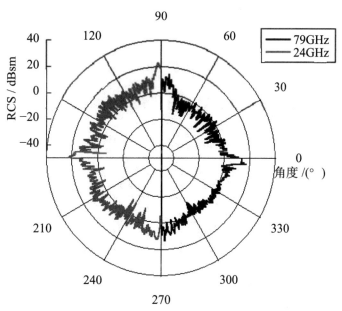

(e)油桶的 RCS（左半圆 24GHz，右半圆 79GHz）

续图3.13

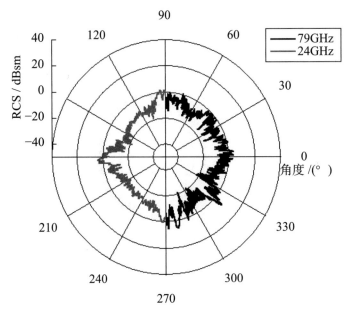

(f)纸箱的 RCS（左半圆 24GHz，右半圆 79GHz）

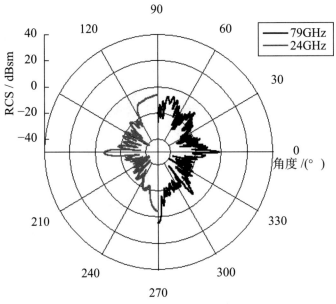

(g)螺丝的 RCS（左半圆 24GHz，右半圆 79GHz）

续图3.13

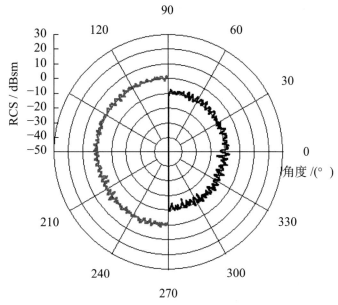

（a）轮胎的 RCS（左半圆 24GHz，右半圆 79GHz）

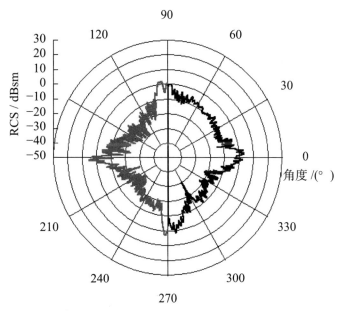

（b）纸箱的 RCS（左半圆 24GHz，右半圆 79GHz）

图3.14 79GHz和24GHz的RCS特性（水平极化）

4. 目标尺寸和RCS的关系

正如表3.1，典型形状的目标RCS与目标的大小成正比。

但是，实际目标的形状复杂，特性也不同。不同大小目标垂直及水平极化

RCS如图3.15所示，横轴为照射方向的平均投影面积，纵轴为垂直和水平极化的平均RCS值，实线和虚线分别代表79GHz、24GHz的平均RCS值的拟合直线。可以看出，79GHz的RCS沿直线分布较近，但表面凹凸多的目标偏离了直线。相同目标，79GHz的RCS比24GHz的大。但是，如果表面结构与波长干涉良好，则79GHz的RCS更小。

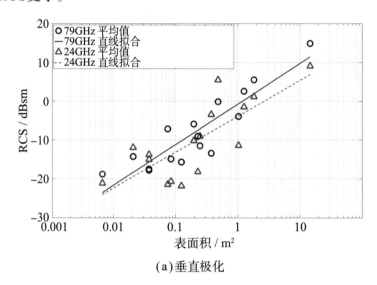

(a)垂直极化

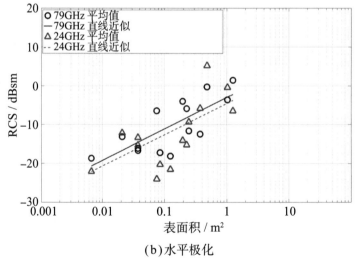

(b)水平极化

图3.15　不同目标尺寸的RCS（79GHz和24GHz频段）

综上，垂直极化和水平极化的平均RCS（dBsm）可以通过下式近似：

$$\sigma_{VV} = 10.46 \cdot \log_{10}(S_A) - 0.732 \tag{3.6}$$

$$\sigma_{HH} = 8.12 \cdot \log_{10}(S_A) - 2.976 \tag{3.7}$$

式中，S_A为投影面积（m^2）。

3.4 杂波的归一化RCS

当目标如同路面在平面上扩展，或如同雨水立体扩展时，接收功率随着目标的扩展变化很大。RCS值随着波束的扩展变化，可扩展的目标需要新的定义。照射面（覆盖区）内存在的目标的RCS可用下式表示：

$$\sigma_0 = E\left[\frac{\sigma_i}{\Delta A_i}\right] \tag{3.8}$$

式中，σ_i为入射面积ΔA_i的RCS。

因此，σ_0定义为单位面积RCS扩展为整体的平均值。该值也被称为"Sigma-Zero"，单位为m^2/m^2或$dBsm/m^2$。像沥青路那样在覆盖区内的分布恒定时，路面杂波的RCS为$\sigma = \sigma_0 \Delta A_i$。这样，$\sigma_0$就是按面积归一化后的归一化RCS，适用于路面、海面、森林等。

L波段（1～2GHz）、X波段（8～12.5GHz）、Ku波段（12.5～18GHz）北美地区的地面杂波（地表散射强度）如图3.16所示[2]。

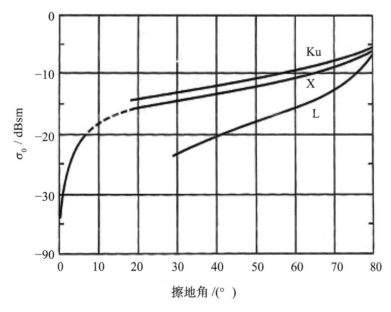

图3.16 地面杂波
（来源：M.Skolnik，*Introduction to Radar Systems*）

但是，关于毫米波段杂波的文献报道很少。图3.17所示为高速公路的排水性沥青路面、混凝土路面、彩色沥青路面的归一化RCS。与其他路面相比，排水性沥青路面凹凸不平，所以垂直方向的σ_0小。另外，对于所有的路面杂波，由于路面都很粗糙，所以前向反射很小，且俯角在20°以上时σ_0为$-10\sim 0\mathrm{dBsm/m^2}$，比较大。考虑到车载雷达水平方向照射波束，路面影响非常小，接收机内噪声相比路面杂波占主要分量。

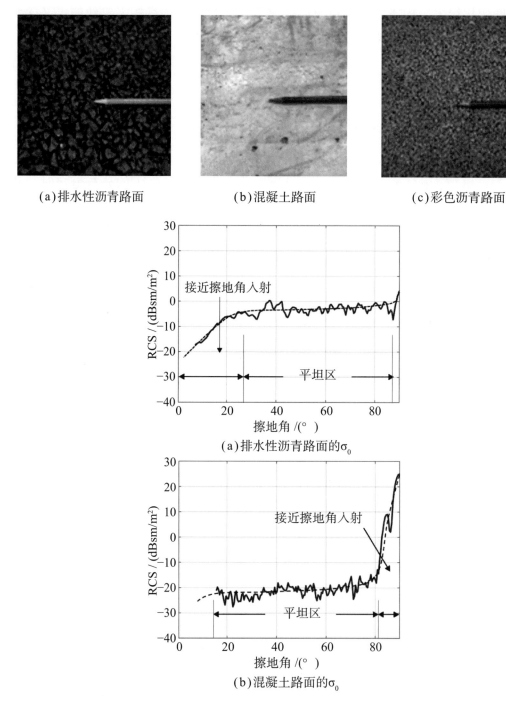

（a）排水性沥青路面　　　　（b）混凝土路面　　　　（c）彩色沥青路面

（a）排水性沥青路面的σ_0

（b）混凝土路面的σ_0

图3.17　79GHz频段的沥青路面RCS特性

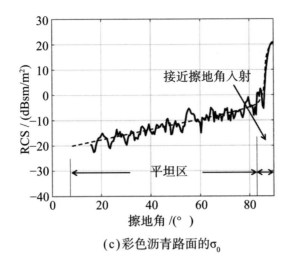

(c)彩色沥青路面的σ_0

续图3.17

参考文献

［1］吉田孝. 改訂　レーダ技術. 社団法人電子情報通信学会, 2005.

［2］SKOLNIK M. Radar handbook, second edition. McGraw-Hill, 1990.

［3］CURRIE N, Brown C. Principles and applications of millimeter-wave radar. Artech House, 1987.

［4］CURRIE N. Radar reflectivity measurement. Artech House, 1995.

［5］大内和夫. リモートセンシングのための合成開口レーダの基礎. 東京電機大学出版局, 2004.

［6］内山一樹, 本村俊樹, 梶原昭博. 路上構造物を用いた自車位置推定のための 79GHz UWB レーダによる RCS測定. 電学論C, 2016, 138(2):106-111.

［7］本村俊樹, 内山一樹, 梶原昭博. 79GHz周辺監視レーダにおける車両の方位別RCS特性比較. 電気学会論文誌C, 2016, 138(2):118-123.

［8］永妻忠夫, 岡宗一. ミリ波イメージング技術と構造物診断への応用. NTT技術ジャーナル, 2006, (6).

［9］二川佳央. ミリ波透過および反射を用いた非侵襲血糖値の計測. 国士舘大学理工学部紀要, 2011, (4).

［10］吉野涼二, 遠藤哲夫. 屋内電波環境推定のための一般建築材料の透過反射特性に関する実験的検討. 大成建設技術センター報, 2005, (38).

［11］伊藤信一. レーダシステムの基礎理論. コロナ社, 2015.

［12］BULLER W, WILSON B, NIEUWSTADT L V, EBLING J. Statistical modelling of measured automotive radar reflections. Proc of IEEE Int. Instrumentation and Measurement Technology Conf (I2MTC), 2013:49-352.

第4章
车载毫米波雷达

作为汽车安全驾驶辅助的重要技术，前向雷达已开始实用化，技术开发层面的竞争日渐活跃[1-3]。得益于毫米波段的平面天线和MMIC的开发，雷达的小型化/轻量化取得了飞跃进展，雷达性能在高速DSP（数字信号处理）的推动下也进一步提升。此前仅在高级车上安装的前向雷达，正走向低成本，大有扩大到小型车和轻量车的趋势。另外，除了前向雷达，后向雷达等其他近距离周边监测雷达也在实用化[4]。本章先叙述安全驾驶辅助技术和自动驾驶的问题，然后概述车载毫米波雷达技术，进而介绍同时检测多个目标的周边监测技术，最后说明自动驾驶中非常重要的自车定位技术。

4.1 安全驾驶辅助技术课题

在日本，交通事故虽呈减少之势，但每年仍有约50万起，导致近4000人死亡。这些交通事故大多是司机的认知判断和操作失误引起的。安全驾驶辅助系统就是运用电子技术预防人为失误，规避危险操作。例如，高速公路ACC（adaptive cruise control，自适应巡航控制）系统[1]可以测量前方行驶车辆的距离和相对速度，警告司机保持安全车距，并在紧急避撞时自动控制车速。

但实际行驶环境并不简单，行人突然从马路边窜出（"鬼探头"）、邻车突然变道等情况是经常发生的，自然环境骤变等还会导致视野或路面状况恶化。要实现稳定的认知、判断、控制，就需要先进的全天候传感技术。目前，图像传感器（包括远红外夜视仪）解决方案已应用在车道保持辅助（LKA）或行人检测等方面，驻车辅助方面有图像和超声波传感器解决方案。100～200m范围的前向和20～30m侧向毫米波或准毫米波雷达解决方案也已有应用。

各种传感器的特点参见表4.1。图像传感器的目标方位角分辨率高，但距离分辨率相对较低，即使使用立体相机，在50m之外也只有50～60cm的距离分辨率。另外，在自动驾驶不可或缺的车道检测等方面，为了克服阳光或隧道出口等照度突然变化的场景，高分辨率和高动态范围是需要解决的问题。LIDAR这类激光雷达的3D分辨率很高，不易受照度变化的影响，但是与摄像头一样都依赖光线，所以无法避免雨、雪、雾等引起的衰减。

表 4.1 汽车传感器的特点（来源：JARI 学术期刊）

		高动态图像传感器	激光雷达	毫米波雷达
基本性能	3D 分辨率	◎	○	△
	高精度测距	△	○	○
自然环境	降 雨	×	△	○
	浓 雾	×	×	○
	降 雪	×	×	○
	夜 间	×	○	○
	照度变化	×	○	○

× 差；△适中；○好；◎极好。

雷达能够全天候工作，不受光线照度变化的影响，并能够同时检测多个目标，确定车辆的距离、速度、角度等信息。但是，在车辆行驶时还会收到护栏等路侧物体的回波（杂波）。图4.1所示为24GHz雷达（1GHz带宽）的接收信号（距离像），图中不仅可以看到行驶的车辆，还可以看到很多杂波，很难通过门限判定来识别车辆。另外，若雷达带宽变窄，则很难分离前后邻近的多台车辆。

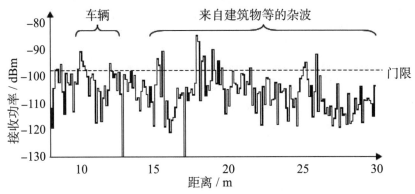

图4.1　车辆行驶时的距离像

综上所述，车载雷达的一个重要课题是"在复杂路况下也不会检测错误"。因此消除杂波，确保分离识别车辆和行人是关键。对此，可以：①通过提高距离分辨率和角度分辨率以抑制杂波，并分离行驶车辆回波与杂波；②提取分离车辆的特征进行识别；③通过空时处理防止虚警和漏警。

可见，车载雷达不仅要求高精度地检测远距离目标，还要求高精度地检测近距离目标。近年来，各国的自动驾驶研究如火如荼，不受天气影响的安全驾驶辅助和用于自车定位的高可靠性周边环境识别成了研究热点。

4.2　基本性能

车载雷达的可用频段如图4.2和表4.2所示，77GHz频段的毫米波和24GHz频段的准毫米波各有千秋，79GHz频段（77～81GHz）也于2017年启用。不过，24GHz频段是ISM（工业科学医疗）频段，与其他无线系统共用带宽。它们各有优劣，例如，77GHz频段的波长较短，适用于窄波束远距离探测；而24GHz适用于广角近距离探测。车载毫米波雷达的基本性能指标主要有距离、方位角和速度等[5,6]。

1. 距离检测

车载雷达有多种检测方式，如脉冲雷达根据脉宽和脉冲重复周期确定距离分辨率、最小和最大检测距离。为了高精度检测远处的目标，需要高峰值发射功率。

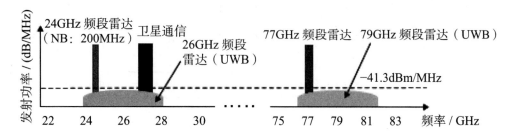

图4.2　车载雷达的频谱

表 4.2　车载雷达的可用频段 [1]

频段 带宽 体制	24GHz（NB）	26GHz（UWB）	77GHz	79GHz（UWB）
日　本	200MHz	4.75GHz （截至 2016 年末）	0.5GHz	4GHz
美　国	250MHz	7GHz	1GHz	4GHz
欧　洲	200MHz	5GHz （截至 2021 年末）	1GHz	4GHz

脉冲雷达很难对近距离的目标进行精确的检测（盲距），因此现在的车载雷达多为FM-CW雷达。但是考虑到多目标环境中的误配对，相对速度和距离的估计会变得困难，适合利用窄波束监视远方的前向雷达，不适合宽范围监视的侧向雷达。

作为解决方案，近年来快速线性调频（FCM）雷达备受关注。将一个锯齿波状频率高速变化的发射波称为一个Chirp，FCM雷达能以比FM-CW更短的周期发射Chirp，通过与发射波的直接混频获得目标的各个回波的差频信号，并对差频信号进行二维傅里叶变换。即使多个目标的差频相同，也可以根据相位差来分离识别。FCM雷达一直面临的问题是需要高速合成器和高速DSP，但目前已能解决。

2. 方位检测

如图4.3所示，采用机械或电子方式操作窄波束进行方位角检测。

---

1) 26GHz UWB 频段正逐步退出各国可用频率许可。——译者注

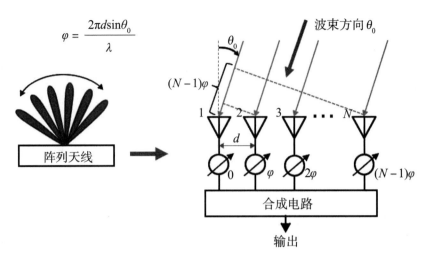

图4.3　天线波束的角度操作（电子扫描）

在这种情况下，方位分辨率由波束宽度决定。方位分辨率要确保行驶在同一车道的车辆和相邻车道的车辆能分开。例如，车道宽3.5m、在距离100m时行驶车道和相邻车道的车辆的角度约为2°，方位分辨率要优于此角度。

窄波束的扫描范围要保证道路弯曲条件下也能检测前方车辆。例如，在半径250m的弯道上，与100m处前方车辆的角度是11°，天线的角度覆盖范围须满足这一条件[8]。近年来，借助先进的天线和DSP技术，通过数字波束成形（DBF）检测多个目标已不成问题。但是，DBF的分辨率不高，难以分离识别相邻的目标。于是，无线通信中的MUSIC（multiple signal classification，多信号分类）算法和MIMO（multiple input multiple output，多入多出）技术便应用到了车载雷达领域。

3. 速度检测

在车辆行驶时，车辆的相对位置关系时时变化，与目标的相对速度变化也很快，因此需要毫秒级的数据刷新率。另外，还要根据车辆的相对速度对护栏等路上静止目标和行驶车辆加以区别，并对车辆的动作进行预测。

可见，即使无法实现空间分辨，也要根据相对速度的差（多普勒）分辨多个车辆，因此相对速度分辨率非常重要。另外，路上有很多车辆在行驶，这就需要通过信号处理从许多杂波中实时分离识别。例如，对于通过二维傅里叶变换（距离维和多普勒维）检测距离和速度的FCM雷达，为了实现快速扫频，雷达观测时间变短，多普勒（速度）分辨率不如FM-CW雷达。为此，要以更快的DSP技术提高速度分辨率[1)]。

---

1) 速度分辨率与观测时长成正比，一帧时长越长，多普勒分辨率越高。——译者注

4. 特征量与车辆识别

车载雷达检测和跟踪多个目标车辆并正确识别至关重要。过去已经研究了使用成像技术通过形状估计进行目标识别。基于小波变换（wavelet transform）的三维形状估计仅针对静止目标，在车载运动条件下信号处理变得复杂，难以提供车载雷达要求的实时性。

对此，可以对回波距离像进行滑动平均，根据其特征量识别目标[9]。这种方法根据脉冲积累后的距离像来估计目标车辆的特征量，并通过相关处理进行检测识别。在图4.4(a)所示环境下取得的距离像如图4.4(b)所示。

这里，针对每个由带宽确定的距离单元量化距离像。由图可见，保险杠或车身后部的特征成分最大，在距离维上可以看到几个特征成分的存在。尤其是带宽 BW = 5GHz时，各目标车辆的特征显著，SUV后方的备胎和后门能够分开，可见特征表现的真实性和有效性。随着带宽变窄，距离单元逐渐变大，细小特征成分会消失，但仍可以看出各车辆固有的特征。

(a)测量环境

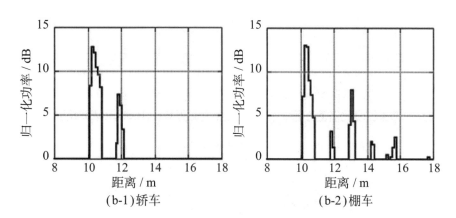

(b-1)轿车　　　　　　　　　　(b-2)棚车

图4.4　各种行驶车辆的特征量

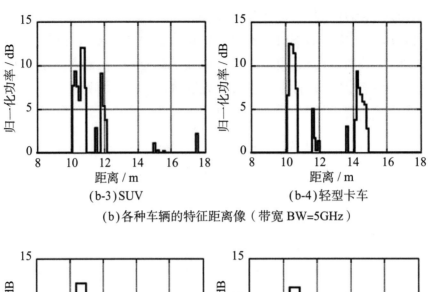

(b-3) SUV　　　　　　(b-4) 轻型卡车

(b) 各种车辆的特征距离像（带宽 BW=5GHz）

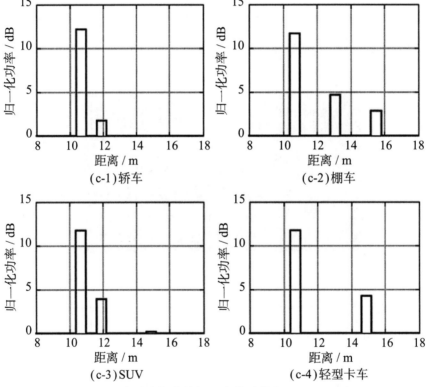

(c-1) 轿车　　　　　　(c-2) 棚车

(c-3) SUV　　　　　　(c-4) 轻型卡车

(c) 各种车辆的特征距离像（带宽 BW=1GHz）

续图4.4

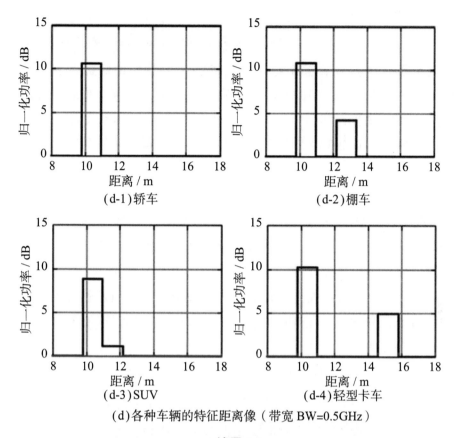

(d-1)轿车 　　　　(d-2)棚车

(d-3)SUV 　　　　(d-4)轻型卡车

(d)各种车辆的特征距离像（带宽 BW=0.5GHz）

续图4.4

综上所述，使用脉冲积累和门限判定的特征像提取法可以从复杂的路面杂波中检测和跟踪多个车辆。

4.3 侧视技术

已有较多的文献介绍了侧视技术，这里简要介绍空时处理技术。

4.3.1 侧视雷达技术例1

从79GHz频段高分辨率雷达的接收信号中可以提取以距离、角度、速度为坐标的三维空间中的回波强度分布。假设对象目标具有大回波强度，通过门限处理检测构成目标的点云。注意，检测所用的门限，要根据三维空间中每个点周围的回波强度计算。虽然检测到的点的坐标（距离、方位、速度）就是目标的信息，但是雷达提取的目标位置由距离和角度决定，由聚类化点云得到的各目标的大小和速度对于目标识别是有效信息。此外，也可以采用机器学习预处理检测出的目标是车辆、自行车还是行人，提取各目标的特征量。

采用点云检测识别技术时，信号处理的资源开销会变大。因此有必要介绍通过以距离和时间为轴的二维空时处理，在杂波（路面固定目标）识别的同时提取多个目标（车辆、行人等）的技术[10]。在图4.5(a)所示道路环境下，24GHz频段超宽带雷达（1GHz带宽，相当于距离分辨率为15cm）测量到的回波信号（时间–距离像）如图4.5(b)所示。由图可见，测量车辆的前方16m、14m、10m附近存在目标1、目标2、目标3的回波，但也存在很多车辆以外的杂波，其中一些比车辆回波的强度大。

对相同距离单元的信号进行脉冲相干积累能够抑制这些杂波，改善检测特性[5,6]。但是，为了提高信杂比，需要增加积累时间，并且预先根据各反射波的多普勒频移检测相对速度，才能有效积累运动目标的信号，否则积累时间内的速度变化将导致积累性能降低。因此，针对图4.5(b)所示时间–距离像，高距离分辨率的各回波的轨迹相互独立，只要不产生加速度，各轨迹呈直线（至少在几秒的观测时间内呈直线），如图4.6所示。轨迹的斜率对应雷达车辆与目标车辆的速度差（根据时间–距离像中各回波的移动距离和数据获取时间计算）。由此，可以通过时间–距离像检测各回波的轨迹，并利用该斜率对应的速度信息有

(a)测量环境

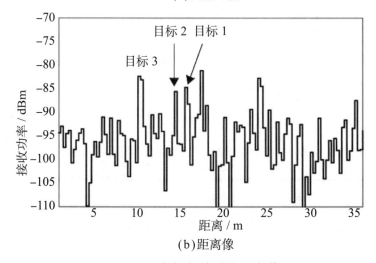

(b)距离像

图4.5　车辆行驶时的距离像

效检测识别目标和杂波。同时，根据速度信息和信号强度也能够识别摩托车等目标。例如，利用图像处理中使用的特征提取法，以及用于多个领域的霍夫变换来估计时间-距离像上各回波的轨迹[6,10]。该方法可以根据各轨迹的斜率（多普勒频移）同时检测识别多个目标和杂波，在杂波较多的道路环境中非常有效。

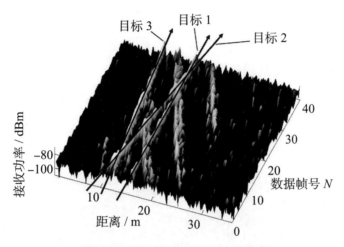

图4.6 回波信号的时间-距离像

图4.7所示为基于霍夫变换的检测识别算法。图中，"线段"是经过霍夫变换处理的由M个距离像构成的时间-距离像。首先进行门限处理去除噪声，然后

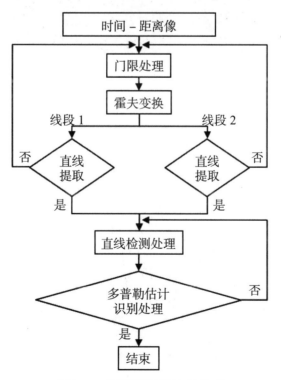

图4.7 检测识别算法的流程

通过霍夫变换进行直线提取。这样会检测到许多直线，甚至会检测到目标和杂波以外的虚假直线[11]。由于很难对单个线段检测到的直线进行识别，故无法同时检测多个车辆和杂波。

因此，在直线检测处理中，在相邻线段间选择斜率与截距匹配（每条直线的连续性）的直线。这是因为虚假直线具有随机性，但是车辆、杂波等的回波轨迹具有连续性，相邻线段间直线的斜率一致。最后是多普勒估计识别处理，根据选择的直线估计速度，分离识别各个目标与杂波。

图4.8(a)所示为时间-距离像进行8位量化后的伪图像，霍夫变换后如图4.8(b)所示。图中可见多条直线，但其中也包含虚假直线，很难仅通过多普勒频移区别目标或杂波的轨迹直线。

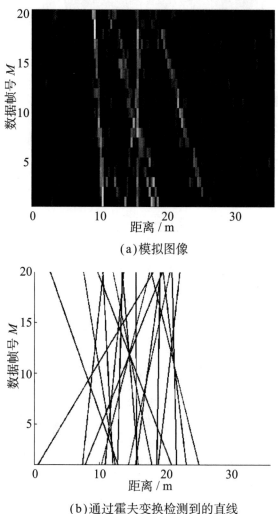

(a)模拟图像

(b)通过霍夫变换检测到的直线

图4.8　应用检测识别算法的直线检测结果

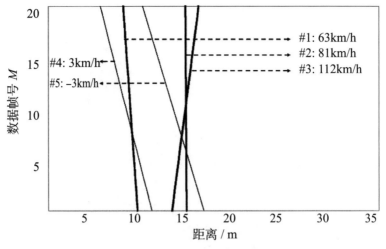

(c)采用检测识别算法检测到的轨迹直线

续图4.8

图4.8(c)所示为应用将相邻线段间连续的直线作为轨迹直线检测的算法的结果，以及根据多普勒频移计算出的速度。图中可以看到5条直线（#1～#5）。细线#4、#5的速度非常低，可以判定为杂波的轨迹直线。粗线#1、#2、#3为对象目标（车辆），速度也基本一致，所以可以根据多普勒信息统一检测识别目标和杂波。

4.3.2 侧视雷达技术例2

侧视雷达用多个天线覆盖车辆四周，天线的波束角较宽。

如图4.9所示后侧视场景，仅通过距离信息无法分离斜后方的2个车辆。这时需要MIMO技术提高角度分辨率。

现在的车载雷达为了兼顾可安装性和波束扫描功能，通常采用平面阵列天线。本章未采用第2章介绍的频率步进雷达IDFT处理，而是采用高分辨率二维位置估计的2D-MUSIC处理和2D-MIMO技术，同时估算各目标回波的距离和到达方向[12]。这里，在频率步进的同时发射正交频率信号，因此可以利用传统的车载雷达硬件系统，在频率带宽不变的同时，获取各频率信号的MIMO信道。通过MIMO信道构成虚拟阵列以增加接收天线孔径，提高角度分辨率。

但是，在各目标之间的欧几里得距离较小或多径环境下，回波具有相干特性，高分辨率的MUSIC技术需要利用空间平滑处理（spatial smoothing processing）进行相关抑制预处理[12]。

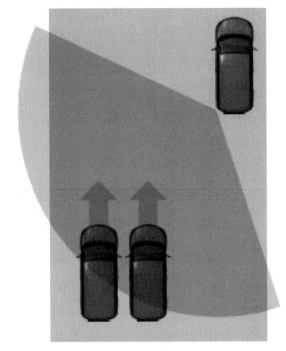

图4.9 后侧视雷达示例

因此，超宽带频率步进雷达可以利用高自由度扫频频率和方向扩展型空间平滑，在频率步进时进行相关抑制。图4.10所示为使用2D-MUSIC处理的超宽带FM-MIMO雷达的距离–到达角二维频谱。该二维频谱以最大值（信号峰值）进行了归一化。目标车辆位置分别为Car1（–6°，11.4m）、Car2（6°，11.4m），通过提高距离和角度分辨率，可以将两辆相距很近的车分离。

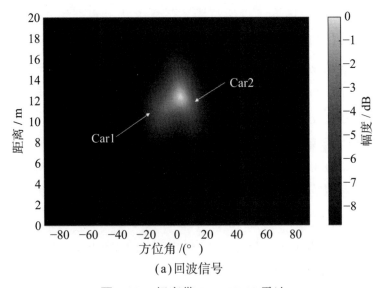

(a)回波信号

图4.10 超宽带FM-MIMO雷达

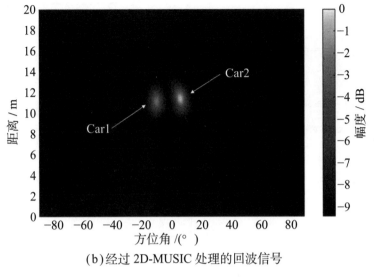

(b)经过 2D-MUSIC 处理的回波信号

续图4.10

4.4 自车定位技术

作为自车定位技术的重要应用，车道保持基本上是通过摄像头和激光识别白线实现的。但是，并非所有路面都铺设了白线。另外，摄像头的性能在雨、雾、逆光等恶劣天气下会恶化，即使路面设有白线也会因积雪等原因而无法识别，进而导致车道保持辅助（LKA）失效[7, 12]。侧视技术可以利用普通道路常见的防护栏，将等距设置的圆柱形栏柱等作为特征量进行路肩检测。一般来说，栏柱的直径比毫米波的波长大，79GHz频带毫米波雷达可以接收到对照射角不敏感的稳定回波[5]。这样就可以根据防护栏的特征量进行车道（车辆相对位置）识别，并以动态地图上标注的引导标志牌作为地标来修正车辆绝对位置，就可以期待全天候的自车定位[13]。换句话说，在没有白线的普通道路和因积雪无法识别白线的高速公路上也能实现自动驾驶。

4.4.1 相对位置估计

接下来介绍利用毫米波雷达根据路肩上的各种目标识别车道的方法。

图4.11(a)为雷达接收的护栏信号（距离像），频带为79～80GHz（带宽1GHz），天线增益为20dBi，天线高度为30cm，正面天线波束宽度$\theta = 20°$。由图可见沿距离维大致等距排列的回波和来自电线杆的回波。

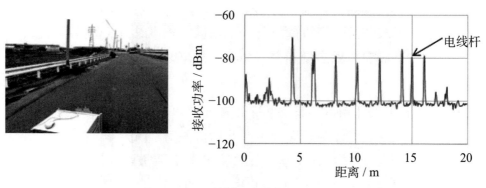

（a）护栏及电线杆

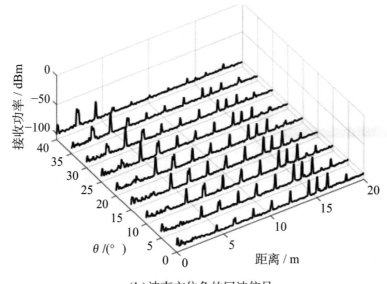

（b）波束方位角的回波信号

图4.11　设置护栏的路肩回波信号

　　一般来说，电线杆间距是固定的，可以根据其周期性回波（点序列）识别目标。电线杆（圆柱体）的RCS没有角度依赖性，且与频率成正比，79GHz频段的电线杆RCS比24GHz频段的大5dB左右[15-17]。

　　图4.11(b)所示为天线波束从正面向沿护栏扫描时的回波信号，$\theta = 40°$ 时回波只有2个，越靠近正面方向，回波越多。

　　路肩的其他目标，如桥栏杆、隔离柱、隔音墙的回波信号如图4.12所示。可见桥栏杆周期性排列的支柱回波，但该支柱是棱柱，回波有扩散现象。隔离柱是树脂制品，回波强度较小。隔音墙周期性地采用钢材或角铁固定隔音板，所以能够根据回波的特征识别。

雪地里的雪柱和具有反光器的安全牌的RCS很小，很难从距离10m以上的地方检测[14]。对此，可以针对目标的设置间隔，通过相关滤波器来改善信噪比并进行目标识别[15]。

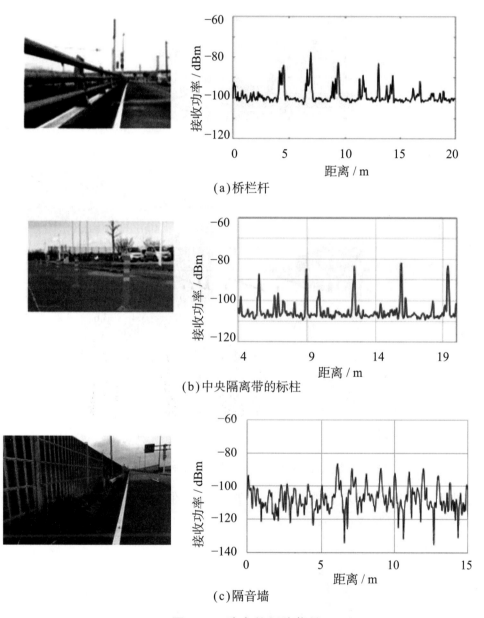

(a)桥栏杆

(b)中央隔离带的标柱

(c)隔音墙

图4.12 路肩的回波信号

下面介绍通过空时处理回波信号（呈空时排列的点云）估计路肩间距的方法。如图4.13(a)所示，车辆在左侧路肩设有缘石和护栏的道路上以时速50km行驶。为了检测前方30m处的路肩目标，将天线波束左倾10°开展跑车实验，测量1s的回波信号如图4.13(b)所示。不考虑数据获取时间，图中可见对应栏柱的多个反射点沿行车道排列。由于天线波束较宽，在强反射点之后也能看到弱反射点，这些可以通过天线指向性加以控制。因此，可以根据天线波束角和反射点的排列方向估计车辆距离路边障碍物的间距。

(a)行车道

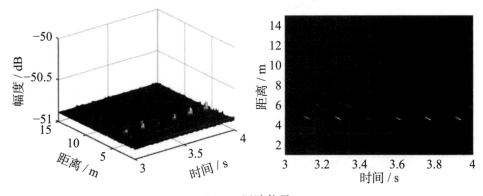

(b)10s 回波信号

图4.13　直线道路（路肩：缘石和护栏）

在行驶过程中，空时处理产生的估计误差在10cm以下。可以调整天线和数据获取量，实现厘米级精度的间距估计。

有护栏道路的检测结果如图4.14所示。即使没有白线，也能够检测到路肩。

另外如图4.15(a)所示，在弯曲的道路上，存在白线与路肩不一致的情况。图4.15(b)所示为观测弯道10s的结果。即便道路如此弯曲，也能通过前后数秒的观测结果修正行车道，估计与路肩的间距。

(a)行车道

图4.14　直线道路（路肩：缘石和标柱）

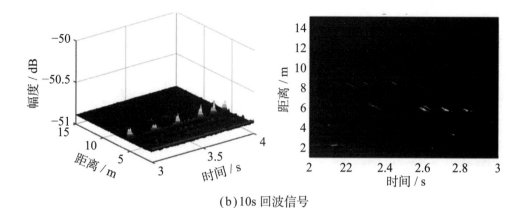

(b)10s 回波信号

续图4.14

(a)行车道

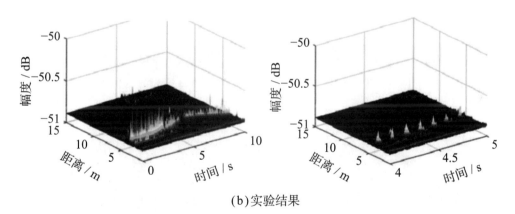

(b)实验结果

图4.15 路肩部分弯曲的道路（路肩：缘石和护栏）

4.4.2 绝对位置估计

路上标志牌的大小（布局）是固定的，可以事先标记在数字地图上，用于修正车辆位置[13]。图4.16所示为国道上标志牌的回波信号。标志牌的尺寸为 $2m \times 2.2m$，一般下倾3°，而且金属板上还贴着反射材质的字符[19]。

(a)道路上的标志牌　　　　　　　　　　(b)77m 处的接收信号

图4.16　隔离距离估计结果

因此，即使是相同尺寸的标志牌，RCS也会有所不同，很难根据接收信号强度确定标志牌。图4.16(b)所示为距离约77m处的回波信号。一般情况下，标志杆的信号强度比标志牌弱，即使相距100m以上也能检测到标志牌。

通过天线波束扫描可以估计标志牌的大小。图4.17所示为波束扫描的结果。估计精度取决于波束宽度和作用距离，若精度优于10cm，就能够确定标准化尺寸的标志牌。

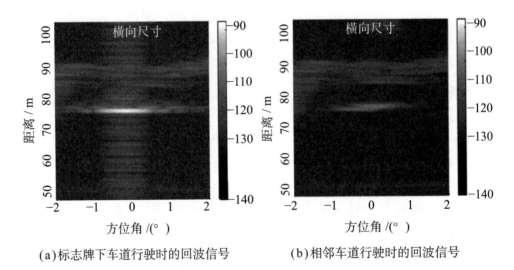

(a)标志牌下车道行驶时的回波信号　　　(b)相邻车道行驶时的回波信号

图4.17　标志牌对回波信号的影响

4.4.3　路面抛洒物检测

虽然能够通过可见或红外图像检测行车道上的抛洒物，但很难应用于降雪、阴雾和路面积雪条件。如前所述，即便恶劣天气，毫米波雷达的衰减也较小，可以检测到前方50m处RCS大于0dBsm的抛洒物。为了抑制来自路肩和路面的杂波，路面照射面积最好仅限于1~2个车道。

在这一方面，79GHz频段雷达比24GHz频段雷达占优势。这是因为高速公路上的抛洒物主要为纸箱、轮胎、角材，79GHz频段下上述物品的RCS比24GHz频段大。如参考文献［18］所述，在窄波束条件下，可以利用抛洒物和路面杂波的频率相关性进一步提高信噪比[21]。

综上所述，我们要根据车载雷达的最大检测距离和分辨率（距离、方位角、多普勒频移）等指标来探讨各种雷达方案。要比较各种方案就必须大规模研制相应的雷达设备，但设备所用器件各不相同，很难客观地进行比较。在这种情况下，软件定义雷达是不错的评价手段。

79GHz频段软件雷达设备的基本结构如图4.18所示。本设备由RF/IF硬件、基带信号处理（任意信号发生部分和AD转换）硬件和装有控制和基带处理软件的PC构成。在PC上可以生成任意发射波形和解调处理接收到的基带IQ信号，它

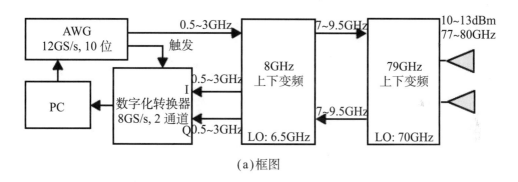

(a)框图

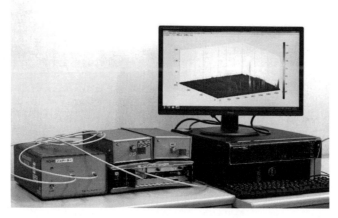

(b)外观

图4.18 毫米波段软件雷达设备

们都由LabVIEW软件控制。图4.16所示为PC控制信号发生器生成0.5~3.0GHz的基带发射波形，再通过二次上变频转换到79GHz频段后发送。来自目标的回波经下变频转换为基带IQ信号后被ADC采集，并通过PCI总线传输到PC。这样就能在PC上生成任意发射波形，且能解调处理接收到的基带IQ信号。

参 考 文 献

［1］高野和郎, 近藤博司, 門司竜彦, 大塚裕史. 安全走行支援システムを支える環境認識技術. 日立総論, 2004, (5):43-46.

［2］水野広, 富岡範之, 川久保淳史, 川崎智哉. 前方障害物検出用ミリ波レーダ. デンソーテクニカルレビュー, 2004, 9(2): 83-87.

［3］http://www. fujitsu-ten. co. jp/gihou/jo_pdf/43/43-2. pdf.

［4］http://www. atenza. mazda. co. jp.

［5］CURRIE N, BROWN C. Principles and applications of millimeter-wave radar. Artech House, 1987.

［6］吉田孝. 改訂レーダ技術. 社団法人電子情報通信学会, 2005.

［7］青柳靖. 24GHz帯周辺監視レーダの開発. 古河電工時報, 2018, 137.

［8］大橋洋二. 自動車レーダ用ミリ波無線技術. 応用物理, 2012, 71(3).

［9］松波勲, 梶原昭博. 超広帯域車載レーダによる車両検知・識別のためのレンジプロファイルマッチング. 信学論, 2010, J93-B(2): 351-358.

［10］岡本悠希, 梶原昭博. 車載用広帯域レーダにおける複数車両検知・識別に関する実験的検討. 信学論, 2012, J95-B(8).

［11］HOUGH PVC. Method and means for recognizing complex patterns. U. S. Patent no. 3069654, 1962.

［12］小川拳史, 梶原昭博. 2D-MUSIC法を用いたステップドFM-MIMOレーダによる2次元位置推定法の実験的検討. 電学論C, 2018, 138(2):112-117.

［13］SIP自動走行システム, ダイナミックマップ. システム基盤技術検討会, 2016-1.

［14］平成27年度SIP（自動走行システム）：全天候型白線識別技術の開発及び実証. 報告書, 2016-3.

［15］内山, 本村, 梶原. 路上構造物を用いた自車位置推定のための79GHz UWB レーダによるRCS測定. 電学論C, 2016, 138(2):106-111.

［16］MOTOMURA T, UCHIYAMA K, KAJIWARA A. Measurement results of vehicular RCS characteristics for 79GHz millimeter band. IEEE Proc. of Radio and Wireless Week（RWW2018）, 2018-1.

［17］MOTOMURA T, UCHIYAMA K, KAJIWARA A. Comparison of RCS characteristics of vehicle and human at 10/24/79GHz. The 2017 IEICE General Conference A-14-8, 2017-3.

［18］NICHOLAS CC. Radar reflectivity measurement. Artech House, 1995.

［19］国土交通省. 道路標識の概要等, 標準レイアウト表. http://www. mlit. go. jp/road/sign/sign/, http://www. thr. mlit. go. jp/bumon/b00097/k00910/h12- hp/hyousiki/deta/3. pdf.

［20］梶原昭博, 山口裕之. ステップドFMレーダによる路面クラッタ抑圧. 信学論B, 2001, J84-B(10): 1848-1856.

［21］唐沢好男. デジタル移動通信の電波伝搬基礎. コロナ社, 2003.

第5章
高压输电线检测

直升机常用于运输、监控、防灾、救援等低空目视飞行，当气候突然恶化时，就存在与高压输电线等障碍物发生碰撞的风险。过去人们一直期待用全天候的优秀雷达监控前方状况，提前检测障碍物。但是，高压输电线的RCS过小，难以从远方检测。本章重点研究高压输电线的固有特征（绞线形状），介绍利用毫米波雷达探测高压输电线的技术。

5.1　高压输电线检测技术课题

直升机与小型航空器低空飞行时，为了避免碰撞，确保航行安全，检测山林、建筑物等前方障碍物至关重要。在这些障碍物中，高压输电线与背景的对比度较小，难以目视发现[1]。山谷间架设输电线的铁塔通常被山林所覆盖，遇到雾、雨等恶劣天气时，便更难目视发现，此前就有很多高压输电线碰触事件见诸报道[1-6]。

在这种情况下，35GHz、77GHz和94GHz频段的毫米波雷达可用作传感器[2-4]。本章将探讨94GHz毫米波段的高压输电线RCS，将构成高压输电线的铝绞线的数量和粗细等作为参数，说明RCS与雷达入射角的关系[3]。

输电线具有绞线形式，会发生布拉格散射，如图5.1所示。设p为绞线的节距，λ为雷达波长，则发生布拉格散射的入射角θ_B（图中的虚线）可用下式表示：

$$\frac{2p \cdot \sin\theta_B}{\lambda} = n \quad (n = 0, \pm1, \pm2, \ldots) \tag{5.1}$$

布拉格散射是输电线在毫米波段的固有特征，可以利用其RCS特点检测输电线。高距离分辨率雷达的目标识别技术，便是利用目标固有RCS特点的相关处理方法[5-7]。它利用取决于目标形状的RCS距离像（RCS只是距离的函数）目标，预先将已知目标RCS距离像存入接收机中作为库，根据它与接收到的未知目标RCS距离像之间的相关性来识别目标。

另一方面，还有根据水平方向的雷达波束扫描获得的RCS图像特征（image profile）（RCS是扫描角度和距离的函数），与存储器库中预先存入的RCS图像特征的相关性比对来检测输电线的处理方法。缺点是，当库中的RCS图像特征所假设的入射角与实际入射角不一致（有入射角误差）时，就无法得到大的相关值。

因此，相关滤波器须考虑入射角误差。5.2节将基于物理光学法探讨多条输电线的RCS，5.3节将介绍相关滤波器，5.4节将使用基于物理光学法得到的输电线后向散射波结果和蒙特卡罗法研究检测概率。这里仅考虑Ka波段与W波段中大气传输衰减较小的35GHz与94GHz频段[8]。尤其是W波段，近年被广泛应用于车载防撞雷达[9]。

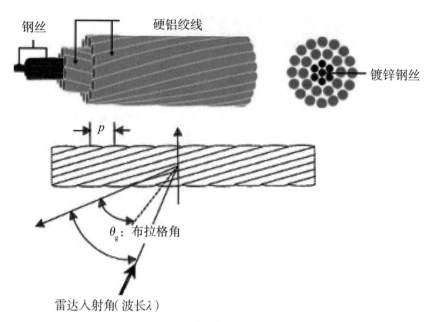

图5.1　高压输电线结构与布拉格散射机理

5.2　高压输电线检测技术概要

1. 架空高压输电线

一般情况下，高压输电（145~500kV）主要使用钢芯铝绞线（ACSR）作为架空输电线、架空配电线和吊挂电缆。其结构如图5.1所示，以绞合的镀锌钢丝为圆心，四周再用硬铝线（裸线）紧密绞合成同心圆[10]。根据输电电压、地形等条件，输电线的敷设情况各不相同。以往，日本的输电线碰撞事故主要发生于河谷平原（山间的水田）的输电线上（单条），后来人们驾驶飞机喷洒农药时便加强了安全警惕[1]。高压输电线的参数见表5.1。物理光学法按照参考文献［3］的计算条件进行，且假设雷达与输电线的距离为300m——这是时速80km/h的直升机发现和规避前方障碍物所需的最小距离[1]。下节将说明假设的高压输电线的RCS，考虑到参考文献［3］已介绍了单条输电线的情况，这里介绍多条输电线的RCS。

表 5.1　输电线（ACSR）的规格

输电线型号	标称截面积 /mm²	直径 /mm	绞线节距 p/mm	p/λ（94GHz）	股数（线径 /mm）	
					钢线	铝线
ACSR410	410	28.5	16.2	5.1	7（3.5）	26（4.5）
ACSR240	240	22	11.8	3.7	7（3.2）	30（3.2）
ACSR120	120	16	8.5	2.7	7（2.3）	30（2.3）

2. 多条高压输电线的RCS

图5.2所示为通过物理光学法计算出的2条不同型号输电线（ACSR120与ACSR 240）的RCS。这里，输电线间距为5m。在94GHz频段，RCS峰值出现在0°、±7.3°、±10.8°以及±15.4°处，由式（5.1）计算得知，峰值角度与ACSR120的布拉格散射角（0°，±10.8°）、ACSR240的布拉格散射角（0°，±7.3°，±15.4°）一致。而在35GHz频段，RCS峰值出现在0°与19°处，与

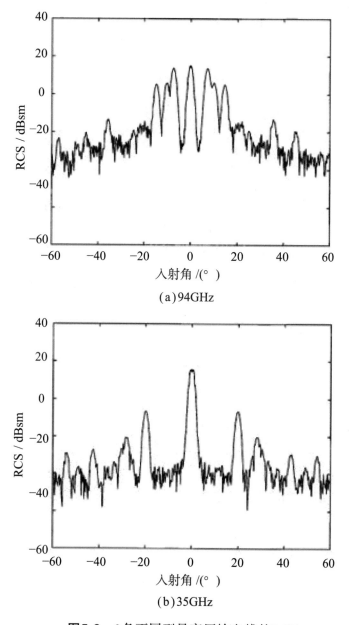

(a)94GHz

(b)35GHz

图5.2 2条不同型号高压输电线的RCS

ACSR120的布拉格散射角（0°）、ACSR240的布拉格散射角（0°、±19°）一致。可见，不同型号的输电线，对应于布拉格散射引发的RCS峰值。由此可以推测，即使雷达同时照射多种输电线，也会产生各输电线对应的布拉格散射所产生的RCS峰值。

图5.3所示为通过物理光学法计算出的2条同型号输电线（均为ACSR410）的RCS。由于各输电线RCS模式相同，多条同型号输电线的RCS因散射波互相之间的干涉变得明显。考虑到各输电线的距离差（ΔR）决定了散射波的相位差，因此可以在同一图上给出ΔR为0、0.4λ和0.5λ（λ为波长）时的RCS。为了方便对比，同一图上还给出了单条输电线的RCS。

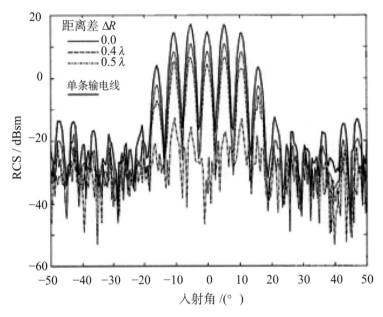

图5.3　94GHz下2条同型号输电线（ACSR410）的RCS

对比各输电线的RCS，当$\Delta R = 0$时，由于几乎没有相位差，2条同型号输电线的布拉格散射产生的RCS与单条输电线相比增加了6dB左右，RCS模式几乎一致。另外，如计算结果所示，$\Delta R = 0.4\lambda$和$\Delta R = 0.5\lambda$时由于各输电线的散射波相位不同，2条同型号输电线的RCS比单条输电线小。

其中，相位在$0 \sim 2\pi$之间均匀分布的多个（几个或几十个）散射体的RCS平均值与散射体的数量大致成正比[11]。考虑到雷达的波长在毫米级，可以认为距离差产生的输电线散射波的相位差在$0 \sim 2\pi$之间均匀分布。由此可得，2条同型号输电线的RCS平均值与被照射的输电线数量大致成正比。

综上所述，2条同型号输电线的RCS会因各输电线散射波的干涉而变化，但其平均值与雷达照射的输电线的数量大致成正比。并且可以推测，RCS模式与单条输电线相同。

5.3 相关处理算法

1. 分析模型

考虑图5.4所示的输电线与飞行路径模型，雷达通过水平方向扫描检测前方的输电线。行进方向上的输电线距离（视轴距离）为R_0，输电线上的雷达波入射角（视轴角）为β。在包含高斯白噪声的已知信号检测中，可以通过与该信号一致的匹配滤波器之间的相关处理实现最优检测[12]。这里，直升机等航线上安装的输电线种类是已知信息，如能准确预测入射角，则可借助式（5.1）预估输电线上产生的布拉格散射。因此，将与输电线RCS图像特征一致的匹配滤波器预先存入雷达信号处理库中，通过相关处理提高输电线的检测概率[13]。

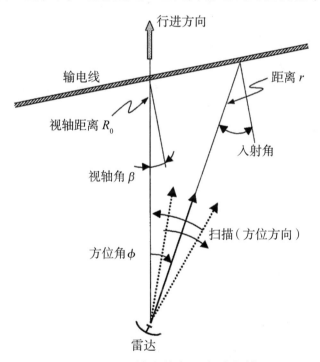

图5.4 输电线与飞行路径模型

但是，在飞行路径上，虽然根据地图等可以大致推测出输电线的雷达入射角，但受机体摇晃等因素的影响，入射角并不稳定。因此有必要针对输电线引入可以在一定程度修正入射角的相关滤波器，如BAEC-CF（入射角误差补偿相关滤波器）。

图5.5所示为输电线的入射角模型。β_P为飞行前预测的入射角，入射角β_A为实际入射角，β_W为至输电线的入射角宽度，ε为入射角误差。BAEC-CF按以β_W内任意入射角接收的输电线RCS图像特征最大化来考虑。

本文把基于参考文献［6］中的距离维（一维）相关滤波器扩展至距离和扫描角度的二维，以生成BAEC-CF。这里，输电线类型是已知的。

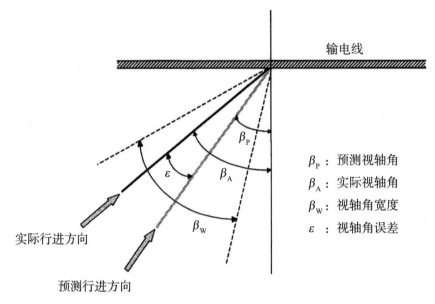

图5.5　基于相关滤波器的高压输电线入射角考虑

2. 相关滤波器

BAEC-CF是使下式期望值最大化的相关滤波器。

$$\Phi = E[\max(g)] \tag{5.2}$$

式中，g为β_W内任意入射角的输电线RCS图像特征与BAEC-CF的相关函数；$\max(g)$为入射角设为常数时的相关函数最大值；$\Phi = E[\max(g)]$为对应入射角最大值的相关函数期望值。

设距离单元和角度单元分为$i(= 1, \cdots, M)$和$j(= 1, \cdots, N)$，则RCS图像特征和BAEC-CF可以用$M \times N$矩阵表示。各自的元素分别用$s(i, j)$和$f(i, j)$表示，可得下式：

$$g(u, v) = \sum_{i=1}^{M} \sum_{j=1}^{N} f(i, j) \cdot s(i - u, j - v) \tag{5.3}$$

式中，u和v分别为s在距离单元和角度单元方向上的误差。

这里，到输电线实际入射角 β_A 为 β_W 中的 β_1，β_2，$\cdots$，β_K 等任意 K 个入射角。另外准备各入射角对应的RCS图像特征 $s_k(i,j)$（ $k=1,2,\cdots,K$），将这些与BAEC-CF的相关函数用 $g_k(u,v)$ 表示，则式（5.2）可用下式近似：

$$\Phi = \frac{1}{K}\sum_{k=1}^{K}\max[g_k(u,v)] \tag{5.4}$$

假设 $f(i,j)$ 已知，当 $u=u_k$ 及 $V=V_k$，相关值最大时，式（5.3）可用下式表示：

$$\Phi = \frac{1}{K}\sum_{k=1}^{K}f(i,j)\cdot s_m(i,j) \tag{5.5}$$

式中，$s_m(i,j)$ 由下式定义：

$$s_m(i,j)=\sum_{k=1}^{K}s_k(i-u_k,j-v_kk) \tag{5.6}$$

因此，要想使式（5.5）为最大值，只需使下式成立：

$$f(i,j)=s_m(i,j) \tag{5.7}$$

此时，期望值如下：

$$\Phi = \frac{1}{K}\sum_{i=1}^{M}\sum_{j=1}^{N}s_m(i,j)^2 \tag{5.8}$$

如上所述，BAEC-CF为入射角宽度对应的RCS图像特征与适当误差之和。同时，该误差使式（5.8）为最大值。要生成BAEC-CF，首先要代入 s_k 的适当误差，通过式（5.6）求出 $s_m(i,j)$，继而通过式（5.8）求出期望值。然后可以找出使期望值最大的 s_k 误差，通过式（5.7）求出BAEC-CF。但是，以全局搜索找到使期望值最大的误差时，需要对庞大数量[如 $(M\times N)K$]的误差组合进行式（5.8）计算。本书采用参考文献［6］给出的方法，找出误差组合。

首先，随机选择一个 s_h（ $s_h\in s_k$），然后对 s_h 和 s_k（ $k=1,2,\cdots,K$，除 h 以外）的相关函数进行全局搜索评估。但是，为了快速估计误差，s_h 采用飞行前的预测入射角 β_P 所对应的RCS图像特征以减小计算量。这样，估计数便能减少至 $M\times N\times(K-1)$，滤波器的生成就容易多了。只是该误差组合并不是全局搜索评估所得，不一定能给出式（5.8）的最大值。另外，各RCS图像特征 s_k 所用的是采用物理光学法计算得到的后向散射波的结果。RCS图像特征及BAEC-CF中的角度单元和距离单元是有限的，随着误差变大，重复部分减少，相关峰值也会减小。

然而，BAEC-CF中重复的距离单元和角度单元只有几十个左右，这比RCS图像特征、BAEC-CF中的距离单元和角度单元的总数（几千个）少得多。因此，重复部分的减少对检测精度的影响几乎可以忽略，简单地进行相关处理即可。

5.4　检测特性

1. 分析方法

为探讨相关滤波器（BAEC-CF）的有效性，笔者借助蒙特卡罗法进行了数值模拟。表5.2列出了仿真假设的毫米波雷达参数，这参考了飞机的毫米波雷达[2, 14, 15]。

表 5.2　仿真雷达参数

波束扫描角度	$-25° \sim +25°$
距离单元数	128
角度单元数	32
距离分辨率	1.0m
角度分辨率	1.6°

图5.6所示为仿真框图。对于雷达天线扫描得到的回波信号，要分别考虑有无输电线的情况，前者使用通过物理光学法计算得到的输电线后向散射波的结果。另外，考虑到回波信号的系统噪声，这里附加了复杂的高斯噪声。回波信号通过中频处理后进行包络检波。检波后的回波信号与存储器内的BAEC-CF进行相关处理，将最大输出值与阈值比较，进行输电线检测。这里，定义输电线接收信号功率（无噪声附加）的最大值与系统噪声功率之比为信噪比，不进行脉冲积累。

为了方便直观理解，将输电线的RCS图像特征表示为角度单元×距离单元的像素亮度分布，如图5.7所示。这里，信噪比 = 30dB，$\beta_A = 0°$。可以看出，输电线的回波信号受布拉格散射影响，形成了离散的亮点。通过蒙特卡罗法分别求取有无输电线情况下的相关处理输出值的概率密度函数（PDF）拟合，评估一次天线扫描的检测概率P_d及虚警概率P_{fa}。这里，仿真次数设为216以上，BAEC-CF则按照飞行前的预测入射角$\beta_P = 0°$、入射角宽度$\beta_P = 40°$、入射角数$K = 400$生成。

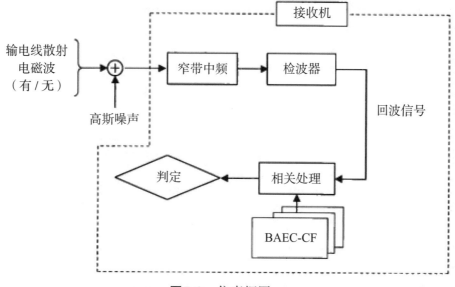

图5.6 仿真框图

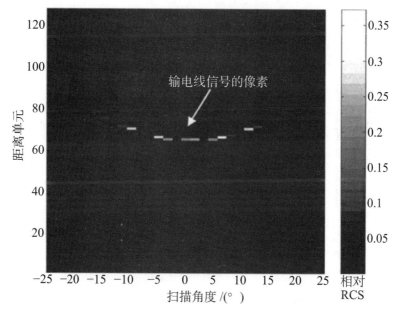

图5.7 单条输电线（ACSR410）的RCS图像特征

2. 检测概率

图5.8所示为94GHz和35GHz频段下输电线的检测概率与虚警概率。这里，输电线位置已知，假设$R_0 = 300\text{m}$及$\beta_A = 0°$（与预测入射角相同，即$\beta_P = 0°$），$\text{SNR} = 3\text{dB}$。图中还给出了未使用BAEC-CF方法（以下统称"传统方法"）时的输电线检测概率。传统方法通过天线扫描得到的回波信号的最大值与门限比较来检测输电线。

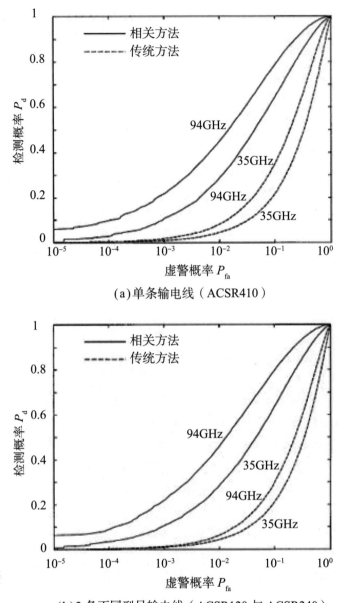

(a)单条输电线（ACSR410）

(b)2 条不同型号输电线（ACSR120 与 ACSR240）

图5.8　检测概率与虚警概率（信噪比 = 3dB）

图5.8(a)所示为单条输电线（ACSR410）的检测结果。由图可见，相比传统方法，使用BAEC-CF时94GHz和35GHz频段的检测概率有所增大。特别是94GHz频段的检测概率比35GHz频段大大提高。这是因为94GHz频段的布拉格散射更多，输电线特征更为显著，与滤波器的相关峰值增大。使用传统方法时，94GHz频段的检测概率也高于35GHz频段。这是因为94GHz频段的布拉格散射数大于35GHz频段[3]，第一次天线扫描得到的布拉格散射产生的接收信号最大值

更多。但是，虚警概率较小时，两种频率的检测概率都非常小（如$P_{fa} = 10^{-4}$时，94GHz频段$P_d = 3 \times 10^{-3}$，35GHz频段$P_d = 2 \times 10^{-3}$）。

2条不同型号输电线的RCS图像特征与单条输电线相同，所以可以通过单条输电线的BAEC-CF来检测。图5.8(b)所示为2条不同型号输电线（ACSR120与ACSR240）的结果。这种情况下，BAEC-CF可提高检测概率，94GHz频段的检测概率较之35GHz频段明显增大。照射多种输电线时，各输电线生成的布拉格散射不同，若能分别准备各类输电线对应的BAEC-CF，就可以分别进行检测。

图5.9所示为2条不同型号输电线（ACSR120与ACSR240）在94GHz和35GHz频段下的检测概率与信噪比的关系。这里，假设$R_0 = 300m$及$\beta_A = 0°$，$P_{fa} = 10^{-4}$。此时，用传统方法得到的94GHz和35GHz频段的检测概率几乎相同，由此可见，输电线的检测基本不依赖布拉格散射的数量。而BAEC-CF则提高了检测概率和信噪比。例如，当$P_d = 0.5$时，94GHz和35GHz频段下的信噪比分别提升了4.2dB、3dB。94GHz频段的布拉格散射数增大，与BAEC-CF的相关峰值也增大，所以检测概率比35GHz频段得到了大幅改善。对于单条输电线的结果也一样。综上所述，使用BAEC-CF时的检测概率比传统方法高，94GHz频段的检测概率比35GHz频段高，改善显著。

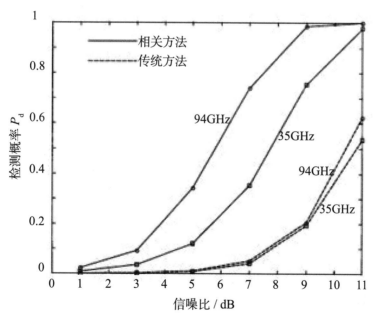

图5.9　2条不同型号输电线（ACSR120与ACSR240）的检测概率与
信噪比的关系（$P_{fa} = 10^{-4}$）

3. 估计入射角误差的影响

图5.10所示为94GHz频段单条输电线（ACSR410）的入射角出现误差时的检测概率与虚警概率的关系。入射角误差即飞行前的预测入射角β_P与实际飞行中的入射角β_A之差，$\varepsilon = \beta_A - \beta_P$（参考图5.5）。这里，假设信噪比 = 3dB。另外，图中还给出了$\beta = 0$时，使用与单条输电线RCS图像特征一致的相关滤波器时的检测概率，也就是$\varepsilon = 0$（$\beta_A = 0$）的匹配滤波器。当角度误差$\varepsilon = 0°$时，匹配滤波器的检测概率比BAEC-CF的大，这是因为匹配滤波器只考虑存在输电线信号的距离单元和角度单元，进而基于回波信号求得相关值（换言之，实现了最优检测）。与之相对，BAEC-CF在进行相关处理时，还会考虑无输电线信号时的距离单元和角度单元，所以与匹配滤波器相比，噪声相关峰值降低了。但是，入射角一旦产生误差（$\varepsilon = 1°$或$\varepsilon = 3°$），匹配滤波器的检测概率就会急剧下降。例如，$P_{fa} = 10^{-4}$时，$P_d < 3 \times 10^{-4}$，检测将变得十分困难。

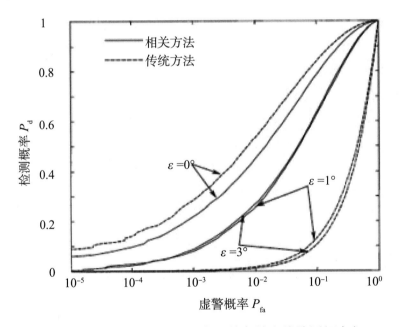

图5.10 入射角误差所对应的单条输电线检测概率与
虚警概率的关系（信噪比 = 3dB）

RCS图像特征取决于入射角，当入射角发生变化时，有输电线信号的距离单元和角度单元也会随之变化。另外，在本仿真中，距离单元和角度单元的大小（称为像素大小）分别为1.0m和1.6°（参考表2），输电线的各个布拉格散射所产生的回波信号分别为1~2个像素（参考图5.7）。入射角每变化1°以上，就会有1~2个存在回波信号的距离单元和角度单元随之变化，RCS图像特征将迥然不同。入射角误差在1°以内时，存在输电线回波信号的距离单元与角度单元基本相同，匹配滤波器与实际RCS图像特征中的相关峰值几乎不会减小。但是，当误差超过1°时，匹配滤波器与实际RCS图像特征完全不同，相关峰值基本无法获取，检测概率定会降低。

BAEC-CF也受入射角误差的影响，但检测概率降低有限，如$P_{fa} = 10^{-4}$时P_d约为0.03。图5.11所示为单条（ACSR410）与2条不同型号输电线（ACSR120与ACSR240）在94GHz下的入射角误差和检测概率。这里，信噪比 = 3dB、$P_{fa} = 10^{-4}$。产生入射角误差时，使用BAEC-CF的单条与2条不同型号输电线的检测概率分别为$P_d = 0.01 \sim 0.05$与$P_d = 0.008 \sim 0.04$。由此可见，这种方法不怎么受角度误差影响，基本稳定。与之相反，使用匹配滤波器的检测概率极低，为$P_d < 3 \times 10^{-4}$（$\varepsilon > 1°$），可见其受角度误差的影响较大。BAEC-CF的检测概率会随着入射角有所变化，是因为生成滤波器时赋予了离散的假设入射角。通过增大入射角数K，可以改善检测概率的变动。

另外，距离单元与角度单元的大小、天线波束宽度等参数也会影响检测概率的变化，这正是本课题研究的目的之一。在实际飞行中，若输电线的入射角严格已知，则匹配滤波器有效。但是，若干度的角度误差都会导致检测概率显著降低，库中要准备多个入射角对应的匹配滤波器，存储器容量需求将增大。与之相

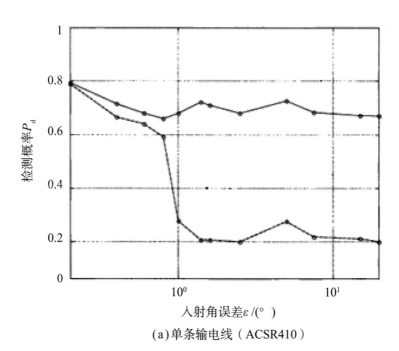

(a) 单条输电线（ACSR410）

图5.11 入射角误差与检测概率的关系（信噪比 = 3dB、$P_{fa} = 10^{-4}$）

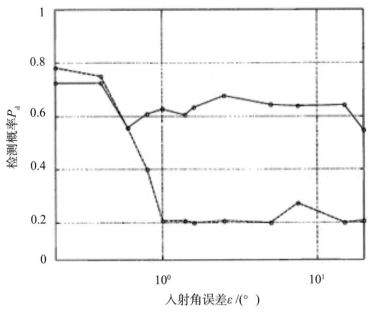

(b)2条不同型号输电线（ACSR120与ACSR240）

续图5.11

反，BAEC-CF不需要设定严格的入射角就能检测，且滤波器也较使用匹配滤波器时少，要求的存储器容量小。例如，使用匹配滤波器时需要每条输电线的各种入射角的RCS图像特征，所以库中的RCS图像特征有几百个；与之相对，BAEC-CF是根据入射角生成的滤波器只有一个。这样可以减少相关处理，实现实时处理。

布拉格散射$|\theta|<20°$时可以观测到高压输电线。因此，本文假设毫米波雷达的天线扫描角度小于$±25°$，入射角$|\beta|>45°$时将无法接收布拉格散射信号，故不能通过BAEC-CF来提高检测概率。在这种情况下，需要结合目视铁塔以及使用红外线传感器和GIS（地理信息系统）进行输电线检测[15, 17]。例如，参考文献［4］介绍的同时使用红外线与毫米波的检测系统，结果如图5.12所示。左上窗是红外和彩色摄像头的图像，左下窗是毫米波雷达的输出波形。由图5.12(a)可知，仅通过彩色摄像头很难从图像中发现输电线等障碍物。图5.12(b)所示为该系统检测到障碍物时的画面，彩色图像与红外图像融合显示的同时还增加了来自雷达的距离信息。同时可以看出，该系统可以以每秒5次以上的刷新率实时实现障碍物检测、距离计算和障碍物突出显示等一系列处理。

以上是用毫米波雷达检测架空高压输电线的方法介绍。为了提高检测概率，这里提出了对基于布拉格散射现象的RCS模式进行相关处理的方法，并且提出了考虑输电线入射角误差的相关滤波器BAEC-CF。结果表明，采用该方法后94GHz和35GHz频段下的检测概率均有提高，且94GHz频段提高更明显。结论是，即使出现入射角误差，检测概率也基本稳定，甚至比匹配滤波器的检测概率高。

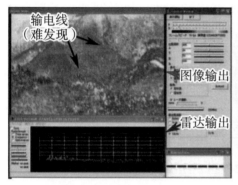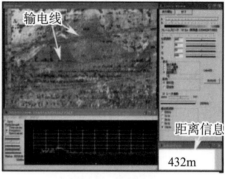

(a)仅通过彩色摄像头检测障碍物　　　(b)检测到障碍物时的图像

图5.12 障碍物检测避撞系统的障碍物显示

（来源：《直升机用障碍物检测系统的性能》，日本第5届电子导航研究所研究发布会，2005年6月）

附 录

通过各种反射模式寻找使式（5.8）的期望值最大的误差(u_1, v_1), (u_2, v_2), …, (u_k, v_k)时，若采用全局搜索，误差(u_k, v_k)的组合数将十分庞大，很难找到使期望值最大的误差组合。例如，$K=20$、$M=100$、$N=30$时，组合就有$(100 \times 30) \times 20$种之多）。在这种情况下，采用参考文献［6］介绍的方法可以高效地找到误差组合。

将式（5.8）的$s_m(i,j)^2$代入式（5.6），进行以下变形：

$$
\begin{aligned}
s_m(i,j)^2 &= \left[\sum_{k=1}^{K} s_k(i-u_k, j-v_k)\right]^2 \\
&= \left[s_h(i-u_h, j-v_h) + \sum_{k \neq h} s_h(i-u_h, j-v_h)\right]^2 \\
&= s_h(i-u_h, j-v_h)^2 + \sum_{k \neq h} s_h(i-u_h, j-v_h) \\
&\quad + 2s_h(i-u_h, j-v_h) \cdot \sum_{k \neq h} s_k(i-u_k, j-v_k)
\end{aligned}
\tag{A.1}
$$

这里，

$$
s_h(i,j) \in s_k(i,j)
\tag{A.2}
$$

将式（5.8）代入式（A.1），Φ可用下式表示：

$$
\begin{aligned}
\Phi &= \frac{1}{K} \sum_{i=1}^{M} \sum_{j=1}^{N} s_h(i-u_h, j-v_h)^2 \\
&\quad + \frac{1}{K} \sum_{i=1}^{M} \sum_{j=1}^{N} \left[\sum_{k \neq h} s_k(i-u_k, j-v_k)\right]^2 \\
&\quad + \frac{2}{K} \sum_{i=1}^{M} \sum_{j=1}^{N} s_h(i-u_h, j-v_h) \sum s_k(i-u_k, j-v_k)
\end{aligned}
\tag{A.3}
$$

这里，式（A.3）右边第1项及第2项不受s_h误差的影响，为固定值。所以，要想使Φ变大，增大右边第3项即可。并且，右边第3项为s_h与s_k的相关函数。将其代入快速傅里叶变换进行计算，便可检索出使右边第3项呈最大值的误差组合，实现高速全局搜索。

参考文献

［1］農林航空安全飛行の手引き—電線接触事故防止編—. 農林水産航空協会, 1992.

［2］ZELENKA R E, ALMSTED L D. Design and flight test of 35-Giga Hertz radar for terrain and obstacle avoidance. AIAA J. of Aircraft, 1997, 34(2): 261-263.

［3］山口裕之, 梶原昭博, 林尚吾. 高圧送電線のミリ波帯レーダ反射断面積の特徴. 信学論（B）, 2000, J83-B(4): 567-579.

［4］山本憲夫, 米本成人, 山田公男, 安井英己, 森田康志. ヘリコプタ用障害物探知システムの性能. 電子航法研究所研究発表会（第5回）, 2005-6.

［5］WEHNER D R. High-Resolution Radar, second edition. Artech House, 1995.

［6］SMITH C R, GOGGANS P M. Radar targer identification. IEEE Antennas Propagat. Maga. , 1993, 35(2): 27-38

［7］HUDSON S, PSALTIS D. Correlation filters for aircraft identification from radar range profiles. IEEE Trans. Aerospace & Electronic Syst. , 1993, AES-29(3): 741-748.

［8］SKOLNIK M I. Radar handbook, second edition. McGraw-Hill, 1990.

［9］ERIKSSON L H, As B O. A high performance automotive radar for automatic AICC. Proc. of IEEE International Radar Conference, 1995, (5): 380-385.

［10］日本工業規格. 鋼心アルミニウムより線. JIS C3110, 1994.

［11］DABA J S, BELL M R. Statistics of the scattering cross-Section of a small number of random scatterers. IEEE Trans. Antennas Propagat. , 1995, 43(8): 773-783.

［12］WHALEN A D. Detection of signals in noise. Academic Press, 1971.

［13］YAMAGUCHI H, KAJIWARA A, HAYASHI S. Power transmission line detection using an azimuth angular profile matching scheme. Proc. of IEEE 2000 International Radar Conference, 2000, (5): 787-792.

［14］ALMSTED L D, BECKER R C, ZELENKA R E. Affordable MMW aircraft collision avoidance system. Proc. of SPIE Enhanced and Synthetic Vision, 1997, 3088(6):57-63.

［15］KIRK J C, LEFVER R, DURAND R, BUI L Q, ZELENKA R, SRIDHAR B. Automated nap of the earth（ANOE）data collection radar. Proc. Of IEEE Radar Conference, 1998(5):20-25.

［16］山本憲夫, 山田公男. ヘリコプタの障害物探知・衝突警報システム. 航海学誌, 2001, 148 (6): 36-42.

［17］電子情報通信学会. 電子情報通信ハンドブック. オーム社, 1999.

第6章
看护传感器

79GHz频段划分的带宽大，可用于人体细微动作和状态的检测。如3.1节所述，相较微波和准毫米波段，毫米波段的雷达信号受墙壁和窗户玻璃的衰减较大，故干扰更少，相邻房间甚至可以使用相同频率。现在提及79GHz频段，讨论主要集中在车载雷达上，但笔者预计会扩大至基础设施和室内场景。本章将分别介绍检测识别卧室、浴室、卫生间内的危险动作和状态的看护传感器。

6.1　看护传感器的技术课题

随着老龄化社会的到来，老年人在室内发生意外的情况日益增多。离床时的跌倒意外、浴室和卫生间的热休克意外等一直不可忽视，但到目前为止仍未找到有效的解决方法。例如，在看护设施内发生的六成意外为跌倒，有些意外会直接导致卧床不起[1-3]。这样的意外多发生在床铺周围，比如夜间上卫生间时，老年人尝试自己离床，结果出现了意外。市面上已有预防这类意外的看护摄像头，但出于个人隐私保护的原因，实际利用率较低。

市面上也有压电毯和夹子传感器等相继发售，但即使用上了这些设备，护工收到警报时来不及响应，等赶到现场时已于事无补。在隐私性极高的浴室、卫生间等密闭空间发生的意外，通常会因无法及时发现而进一步恶化。受制于淋浴和水蒸气的影响，使用红外线传感器不现实，摄像头也很难被接受。为解决这一问题，需要一种能及早检测危险状态的传感器。

雷达传感器是解决这类问题的一个选择。一般来说，①即使安装在室内，也不会给人以被实时监视的感觉；②即使安装在各个房间，相邻房间的干扰和泄漏也很小；③对温度、湿度等环境适应性极强；④能够检测识别危险动作和状态等。结合小型、轻量化需求，正如3.1所述，可优先选用在住宅建材内衰减较大、带宽大的79GHz频段超宽带传感器（以下统称UWB传感器）。

6.2　状态监视技术

6.2.1　状态监视技术课题

摔倒多发生在床边，尤其是当老年人尝试自己离床时。因此，现阶段研究的也多是用于监控床边状态的传感器[4,5]。这类传感器的作用是，一旦检测到老年人离床时的动作，便发出警报，通知护工赶赴现场检查，防患于未然。摄像头、红外线传感器、脚垫型压电传感器等都有类似应用，但出于隐私考虑，本人及其家人很难同意安装摄像头；红外线传感器难以识别特定动作与状态，在盖被子睡觉的情况下，其精度会进一步变差；至于脚垫型压电传感器，只有当老年人将脚压在脚垫上时才会发出警报，等护工赶到时老人可能已经摔倒。因此，解决问题的关键是及早检测离床前的危险动作并通知护工。

6.2.2 看护技术

UWB传感器可以从较远的地方检测老年人的各种动作和状态，如在床上起身、离床、室内移动、进出房间、摔倒等[4,5]。例如，为防止老年人在离床时摔倒，可以从离床前的起身动作检测识别危险动态。进一步，借助机器学习技术便可根据信号强度进行状态识别判定，针对老年人摔倒、跌落、异常行为、徘徊，以及外部可疑人入侵等状态采取安全措施。再进一步，结合第7章介绍的生理信息监测技术，还可以通过监测睡眠时的呼吸状态等观察健康状态。

检测识别室内危险动作或状态的处理流程如图6.1所示。

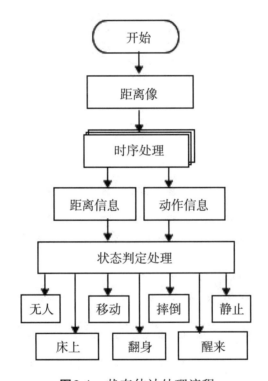

图6.1 状态估计处理流程

如图6.2所示，将UWB传感器安装于室内门上方，就能通过接收信号的距离信息（距离像）掌握室内所有的动作和状态以及进出房间的动作。距离像的测距精度与信号带宽成反比，信号带宽越大则测距精度越高，如1GHz带宽信号的测距精度为15cm。

图6.3(a)所示为安装在室内门上方的天线，(b)为照射UWB波时的距离像。其中，粗线是无人状态的平均距离像$\overline{P_{\text{static}}(\tau)}$（通过平均处理抑制噪声），细线是人在室内时的距离像$P_{m,i}(\tau)$。另外，$\tau = 2\text{ns}$前后的大信号是从发射天线到接收天线的信号（直达波泄漏）。可以用下式将各个距离像的差分定义为差分距离像

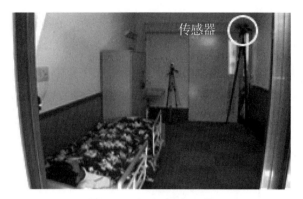

图6.2　室内实验环境

$P_{m,i}(\tau)$，如图6.3(b)所示。

$$P'_{m,i}(\tau) = \left| P_{m,i}(\tau) - P_{m,i-1}(\tau) \right| \tag{6.1}$$

式中，$\overline{P_{\text{static}}(\tau)}$在人离开房间时逐次更新。

式（6.1）表示的是室内物理变化。如图6.3(b)所示，$\tau = 20\text{ns}$附近有较大异动，表明检测到了动作。人在室内走动时，动作（动点）会发生变化；而人在床上睡觉时，动点不会移动。因此，可以根据式（6.1）的变化（距离与信号强度）推测人的位置和动作等。另外，伴随着人的身体活动，距离像的形状也会时刻变化。由此，根据距离像$P_{m,i}(\tau)$与一帧（发射信号脉冲周期）前的延迟距离像$P_{m,i-1}(\tau)$的时间差，可以推测两帧之间人的运动速度等。这一动作信息$P'_{m,i}(\tau)$可用下式定义：

$$P'_{m,i}(\tau) = \left| P_{m,i}(\tau) - P_{m,i-1}(\tau) \right| \tag{6.2}$$

通过上述位置信息与动作信息可以检测出人的状态和行为。图6.4所示为人活动时$\Delta P_{m,i}(\tau)$随时间的变化，以横轴为延迟时间、纵轴为时间、颜色浓度为变化量，分别表示①无人、②进入房间到床上的走动、③包含翻身的床上体位变化、④床上起身的动作。$i = 1 \sim 50$（帧），室内无人，此时距离像的形状几乎不变，如图6.4(a)所示①。但是，当受试者进入房间后走向床时，可以观察到变化，物理信息和动作信息都以轨迹出现，如图6.4(a)所示②。

图6.4(b)所示③为受试者在床上做出翻身等体位变化时的状态，从动作信息来看，只有身体活动时才能观测到变动。另外，对于在床上睡觉等在同一位置上静止的情况，如图6.4(b)所示，③和④之间的动作信息没有变化。这样，就可以根据距离信息确定人的位置，根据动作信息观测动作有无。因此，通过观测床周

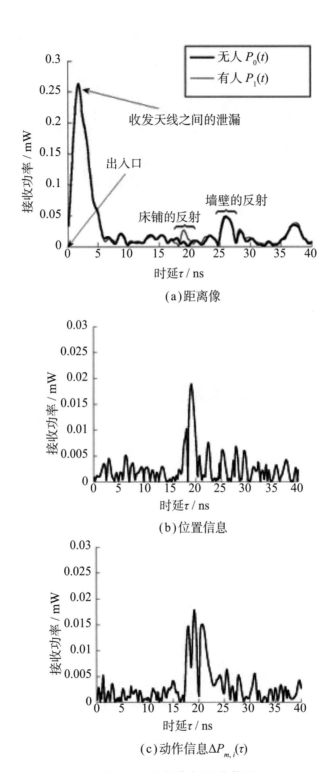

(a)距离像

(b)位置信息

(c)动作信息 $\Delta P_{m,i}(\tau)$

图6.3　距离像与差分信号

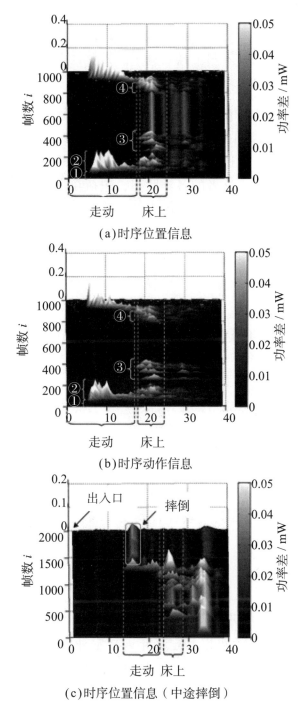

(a)时序位置信息

(b)时序动作信息

(c)时序位置信息（中途摔倒）

图6.4 位置及动作信息的变化

围的观测点的动作信息，便可对床上的动作进行测量。同样，如果将天线位置到床边定义为室内走动范围，那么通过观测距离信息，就可以测量离床、室内走动乃至移动轨迹。例如，观察图6.4所示的③和④就会发现，④比③的变动时长更长。并且，人在③处翻身两次，做了两次活动部分身体的动作。关注该持续时间差异，利用机器学习，就可以判定其起身了。另外，人在室内走动时，也可以检测到中途摔倒。

图6.3(c)所示为含摔倒在内的移动轨迹。这里假设受试者在1400帧附近摔倒。室内的移动轨迹会像图6.3(a)那样变动，但是观察图6.3(c)中1400帧以后的受试者动点轨迹会发现，轨迹没有移动，而是在一定的距离上停止了。使用这样的信号处理算法，可判定受试者的各类状态，包括在床上起身、在床上翻身、在床上睡觉、离床及走动中摔倒、在室内走动、静止不动（静止）、离开房间（无人）七大状态。

6.2.3　检测特性

1. 实验方法

实验如图6.5所示，在室内门上方安装天线，通过图6.1所示的算法估计人的状态。着重关注离床和摔倒，探讨6种状态（起身、翻身、睡觉、摔倒、室内走动、无人）。状态判定按误检率不超过10^{-3}设定门限，通过室内安装的摄像头确认具体的动作和状态，在线比对判定结果。

2. 实验结果

考虑到老年人的各种行为模式，笔者征集5位受试者（4位20多岁的男性，1位50多岁的男性）按照预设场景1~3进行了5天实验。每次测试200s，包含翻身、起身、离床走出房间等日常动作，就受试者的6种状态（起身、翻身、睡觉、室内走动、摔倒、无人）进行判定。在实验中，除了起身动作，还要对床上翻身、睡觉状态进行判定。为此，睁眼活动身体和上床睡下的场景都被判定为在床上翻身。

场景1，由于受试者离开房间后没有回来，所以约130s后被判定为无人。像这样离开时间很长的状态，可以判定老年人在室外徘徊，应及时通知护工。场景3，约130s后受试者摔倒，可以看到几秒后状态判定为摔倒。

为了计算进出房间、摔倒、起身三种状态的检出率，笔者进行了无人状态44次、离床动作51次、起身动作70次的测试。其中，由于起身是本传感器的主要研究对象，所以测试次数最多。结果是起身的检出率约91%，摔倒的检出率为100%，而翻身、静止、室内走动等其他状态的检出率为99%（见表6.1），且翻

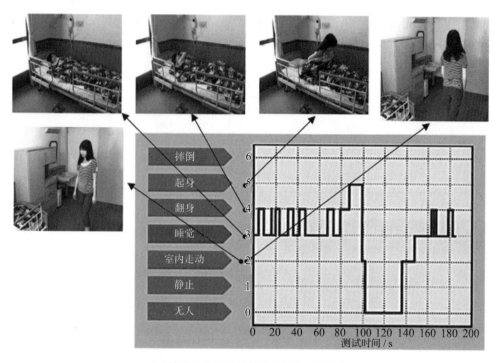

(a)受试者 1 实验场景（日常生活动作）

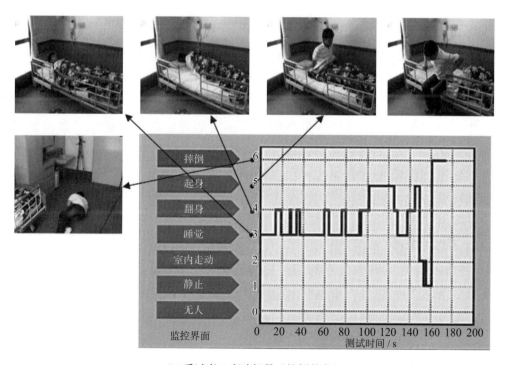

(b)受试者 2 实验场景（摔倒状态）

图6.5　实验场景与监控显示

身等其他动作被误判为起身的概率为9.7%。本实验虽然仅依据动点的动作对各状态进行检测识别，但房间的居住者一般是固定的，运用监督学习可以大幅改善特性[7]。

表 6.1　检测特性

状　态	检出率 /%
进出房间	100
起　身	91
摔　倒	100
其　他	99

6.3　浴室内看护技术

6.3.1　浴室内看护技术课题

浴室内意外多发，据统计，日本每年因此意外死亡1.7万人[8, 9]。特别是有既往病史的老年人，在冬季因冷浴室内外温差引发血管急剧收缩，出现脑卒中症状，或猛然站立时眼前发黑导致在浴缸中溺死的意外在增加。一般来说，在浴缸内发生意外，一旦心跳停止超过4min，抢救成功概率就会陡降，早发现比什么都重要。但浴室通常是隐私空间，意外被发现时很可能为时已晚。

摄像头、红外线传感器、光线传感器等可以用于这类事故的预防，但未得到推广[10]。除了隐私问题，还有水蒸气、浴缸水的温度接近体温，以及浴缸水面波动、多径干扰等各种外部干扰因素。UWB传感器在抗多径干扰、测距精度方面有优势，可以作为浴室看护传感器用来检测入浴者的距离与动作信息，识别危险动作和状态[11, 12]。例如，可以在浴缸旁安装UWB传感器，监测包括浴缸在内的整个浴室，根据入浴者的位置信息和动作信息（特征量），通过机器学习检测识别各种危险状态[13-15]。

6.3.2　看护技术

图6.6所示为浴室看护技术的信号处理流程。UWB传感器安装在浴室内的热水龙头处，天线发射信号，根据接收信号的距离像中入浴者的位置信息和动作信息（特征量），检测识别危险状态。

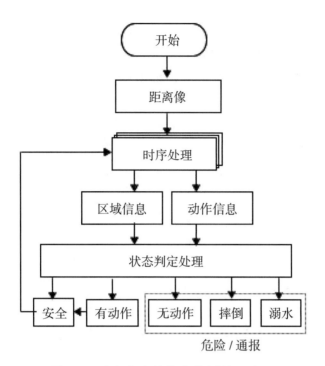

图6.6 浴室内人体状态检测处理流程

6.3.3 检测性能

1. 实验方法

浴室内的验证实验如图6.7所示，浴室大小为1.4m×1.6m×2.05m，UWB传感器的安装位置与热水龙头相同，由2位受试者（4个场景）完成实验。

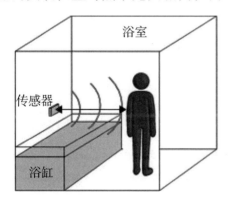

图6.7 浴室内环境

图6.8所示为4个场景的状态估计结果。场景1是普通入浴情景，场景2是在浴缸中浸泡一定时间后失去意识的溺水情景，场景3是用盆冲洗时摔倒的情景，场景4是固定花洒淋浴时摔倒并且花洒持续出水的情景。

2. 实验结果

表6.2给出了受试者A、B的状态识别率结果。可以看出，受试者A、B在各场景下的状态识别率都在90%以上，即便受水面波动和淋浴动作等的影响，UWB传感器依然可以高精度地识别受试者的状态和生理信息。

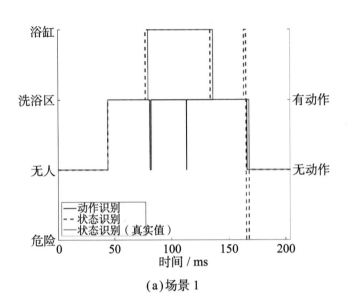

(a)场景1

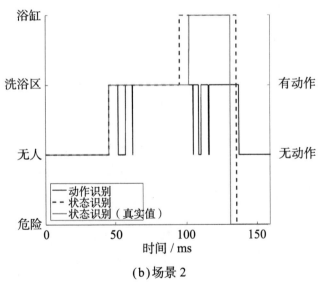

(b)场景2

图6.8　状态估计结果

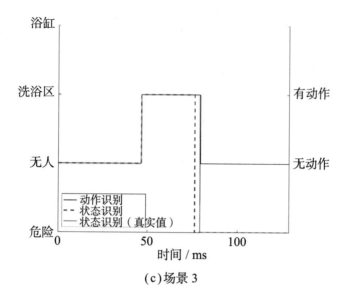

(c)场景 3

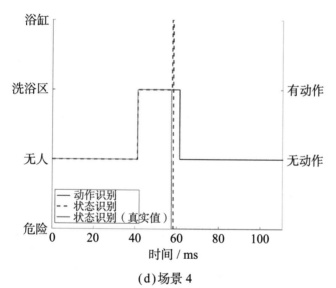

(d)场景 4

续图6.8

表 6.2 状态识别率

状 态	检出率
进 入	84.8%
落 座	100%
退 出	92.96%
危 险	95.2%

6.4　卫生间内看护技术

6.4.1　卫生间内看护课题

老年人排便时易神志昏迷（排便休克），特别是有基础病的老年人。对他们而言，卫生间和浴室同样危险。在冬季的夜晚，温暖被窝和寒冷卫生间的温差十分容易引发脑卒中，昏迷和摔倒的风险更大。这样的意外须尽早处理，但卫生间与浴室一样为隐私空间，难以被外人及时发现。虽然也有人在一定时间内没有动作就报警的红外线和多普勒人体传感器，但很难检测人排便时的动作和摔倒。另外，老年人的健康管理至关重要，特别是在卫生间等的日常活动中，呼吸和心跳等生理信息的检测也很有必要。可见，在检测意外的基础上，可进行日常健康管理的卫生间内看护传感器是研究方向之一。

6.4.2　看护技术

通过UWB传感器，非接触检测进入卫生间的人，可以及早发现、通报排便发力所引发的脑卒中、神志昏迷（排便休克）、冬季的脑卒中导致的摔倒等危险动作和状态。系统特征如下[16]。

- 根据UWB传感器的高精度距离信息，像6.3节介绍的浴室传感器一样，检测卫生间内的进出、摔倒、神志昏迷。

- 落座时人的呼吸、心跳，排便时的发力动作也可以检测出来。

- 通过追踪卫生间内的动点，可以利用机器学习对全家人的特征量（动作、呼吸数据、落座位置、身体活动等）进行身份认证。同时，在建立的个人档案中记录每天的呼吸、心跳数据，实现无感健康管理。

6.4.3　检测特性

1. 实验方法

实验在两个不同的卫生间进行。如图6.9所示，安装在两个卫生间的马桶盖内侧的天线到门内侧的距离为1.4m，到门外侧的距离为2.5m。一般情况下，家庭卫生间是内开门，而公共卫生间是外开门。

2. 实验结果

实验从无人状态开始，设定了进入后落座、落座后神志昏迷、在卫生间内外摔倒的各种场景。本实验对无人、室内、落座、危险这4种状态进行判定，神

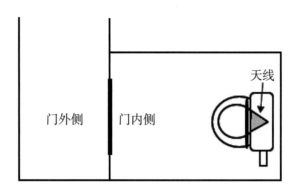

图6.9 卫生间内的环境

志昏迷、在卫生间内外摔倒统一被判为危险状态。图6.10(a)~(c)分别展示了各种场景,实线表示估计的状态,虚线表示实际的状态。基于以上实验,计算上述4种状态的检出率。进入卫生间和落座分别测试了66次,离开卫生间测试了28次,危险状态测试了42次。这是家用卫生间和公共卫生间的总测试次数。估计结果见表6.3,落座检出率为100%,离开卫生间检出率为92.85%,危险检出率为95.23%。

同时,还进行了落座时的呼吸检测。图6.11所示为1min的呼吸波形与功率谱。如图6.11(b)所示,呼吸频率为0.24Hz,估计误差最大为0.18次/min、0.27次/min,与傅里叶变换的量化误差为同一水平,由此可以估计落座时受试者呼吸状态。

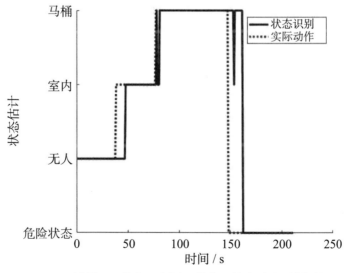

(a)场景1:进入卫生间→落座→神志昏迷(倒下)

图6.10

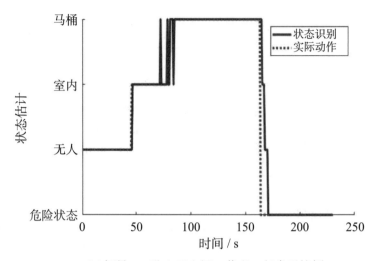

(b) 场景 2：进入卫生间 → 落座 → 起身后摔倒

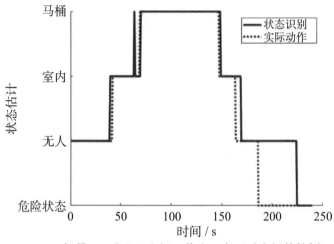

(c) 场景 3：进入卫生间 → 落座 → 离开后在门外摔倒

续图 6.10

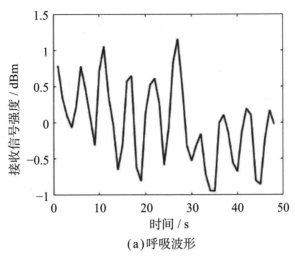

(a)呼吸波形

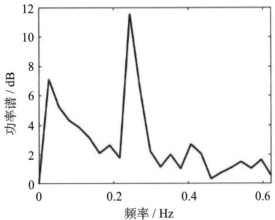

(b)呼吸波形的功率谱

图6.11　落座时观测到的呼吸信号

表 6.3　状态识别率

	受试者 A	受试者 B
场景 1	95.47%	93.76%
场景 2	93.15%	95.45%
场景 3	97.77%	97.86%
场景 4	99.24%	98.91%

参考文献

［ 1 ］関弘和, 堀洋一. 高齢者モニタリングのためのカメラ画像を用いた異常動作検出. 電学論(D), 2002, 122(2): 182-188.

［ 2 ］国民生活基礎調査. 厚生労働省, 2007.

［ 3 ］齊藤光俊, 北園優希, 芹川聖一. 赤外線センサを格子状に配置した人物状態推定センシングシステムの開発. 電学論（E）, 2008, 128(1): 24-25.

［ 4 ］大田恭平, 大津貢, 太田優輝, 梶原昭博. 超広帯域無線による高齢者の状態監視センサ. 電学論（C）, 2011, 131(9): 1547-1552.

［ 5 ］大津貢, 中村僚兵, 梶原昭博. ステップドFMによる超広帯域電波センサの干渉検知・回避機能. 信学論（B）, 2013, J96-B(12): 1398-1405.

［ 6 ］中村僚兵, 梶原昭博. ステップドFM方式を用いた超広帯域マイクロ波センサ. 電子情報通信学会論文誌（B）, 2011, J93-B(2): 274-282.

［ 7 ］松隈聖治, 梶原昭博. 自己符号化器を用いた高齢者の見守りセンサの実験的検討. 電子情報通信学会総合大会, 名城大学, 愛知, A-9-5, 2017-3.

［ 8 ］馬場晃弘. ヒートショック死, 交通事故より多い寒暖差に注意. 朝日DIGITAL, 2017-12.

［ 9 ］中日新聞, 2013-2-3

［10］http://d-wise. org/b200202/bath. pdf.

［11］魚本雄太, 梶原昭博. UWB電波センサを用いた SVM による浴室内監視システムの提案. 電子情報通信学会2018年総合大会, 東京電機大学, 東京, B-20-4, 2018-3.

［12］KASHIMA K, NAKAMURA R, KAJIWARA A. Bathroom movements monitoring UWB sensor with feature extraction algorithm. IEEE Sensor and Application Symposium 2013（SAS2013）, Galveston, TX, 19-21, 2013-2.

［13］日野幹雄. スペクトル解析. 朝倉書店, 1977.

［14］元田浩. パターン認識と機械学習 下. シュプリンガー・ジャパン株式会社, 2012.

［15］坂元慶行, 石黒真木夫, 北川源四郎. 情報量統計学. 共立出版, 1983.

［16］土山恭典, 梶原昭博. Accident detection and health-monitoring UWB sensor in toilet. Proc. of IEEE RWW, 2019-1.

第7章
生理信息监测

伴随着社会老龄化，社会保障费增加、劳动力减少等问题日益凸显，以传感器为中心的信息通信技术是解决方案之一。作为日常健康管理的手段，掌握生理信息是非常重要的，特别是用于压力评估的心率变异性测量。另外，健康问题引发的交通事故也有增加的趋势，开发不带来精神和肉体负担的非接触、非侵入式生理测量系统很有必要。

　　本章将先介绍生理信息监测技术课题，研究利用毫米波雷达进行呼吸监测，最后探讨利用毫米波雷达进行心跳监测。

7.1　生理信息监测技术课题

目前实用化呼吸、心跳等生理信息的监控技术多为接触式，容易受到体位变动等的影响，且存在传感器可能松脱、长时间接触/穿戴带来的不适感、肉体负担、需定期充电维护等问题，并没有普及。非接触式，不会给人精神和肉体压力的多普勒传感器应运而生，但它们在稳定性和可靠性方面仍存在问题[1-4]。

近年来，除了呼吸和心跳监测，对劳动环境中人的压力状态和驾驶疲劳等情感和精神状态的监测需求也在增加，研究对象也从单纯的平均心跳数扩展到了对每一拍心跳波动的检测。另一方面，同时监测多位老年人和婴幼儿的健康状态，减轻看护设施、保育员的负担的需求也很强。不过，至今还未见同时对多人呼吸等生理信息进行非接触、非侵入式监测的系统。7.2节将介绍一种同时监测多人呼吸的超宽带传感器技术，7.3节将介绍监测每一拍心跳波动的UWB传感器技术。

7.2　呼吸监测

接下来介绍日常生活中很少被意识到的、可以同时监测多人呼吸状态的非接触式、非侵入式传感器技术。随着汽车避撞及驾驶辅助技术的高性能化，检测座椅状况的需求也日益增长。目前，司机驾驶状况监测相机、座椅压敏传感器等已经商品化了。不过，除了用传感器监测司机的驾驶状态，还要根据座椅状况（有无儿童座椅、各乘员的位置等）控制安全气囊的展开、报送急救信息（需要的救护车数等）。

7.2.1　呼吸监测技术

UWB传感器抗多径干扰能力强，可以同时监测多人的呼吸动作[4,5]，在看护设施和托儿所、车内等场景下，看护、婴幼儿猝死综合征（SIDS）预防、座椅传感器等各种应用值得期待。这里主要介绍利用UWB传感器同时监测多人呼吸的技术。

通过UWB传感器接收的距离像，分离识别各反射波，分别进行信号处理。例如，只要天线到多个人的路径长度差大于雷达距离分辨率，通过观测来自不同人的反射波，便可同时估计不同人的呼吸和动作。一个简单的实验如图7.1所示，安装在天花板上的天线发射UWB波，监测床上多个人的呼吸。接收的信号除了来自人体的反射信号外，还有来自床、地面的强反射波。但是，来自床等固定目标的反射波不会随时间变化，而来自人体的反射波会随着呼吸和动作等生理反应而变化。因此，可以提取各反射波的动作信息，追踪其位置（动点），根据信号强度变化估计呼吸或起伏。另外，信号中除了呼吸成分，还会叠加轻微的心跳成分，利用滤波器分离后进行信号处理便可提取心跳信息。

图7.1　测量环境

7.2.2　检测特性

1. 实验方法

图7.1所示为在室内环境下测量多人呼吸的场景。这里剔除来自床和地面的无用反射波，仅提取人体的信息。传感器的带宽为1GHz，发射功率为-20dBm，受试者身着衣服、盖夏凉被，躺在床上。与红外线检测方法不同，毫米波等无线电波的传输特性几乎不受衣物和被子的影响。

2. 实验结果

图7.2所示为在床上仰卧的人的呼吸回波波形和功率谱。为了确认呼吸波形的有效性，在受试者胸部安装拉绳式位移传感器，同时测量伴随呼吸的胸腔运动。由图7.2(a)可见，回波信号强度周期性变化，伴随着吸气和呼气的信号强度变化与胸腔的物理变化一致。图7.2(b)所示为利用UWB传感器和拉绳式位移传感器测量120s的波形，经傅里叶变换得到的功率谱。为验证原理，这里未进行预处理。

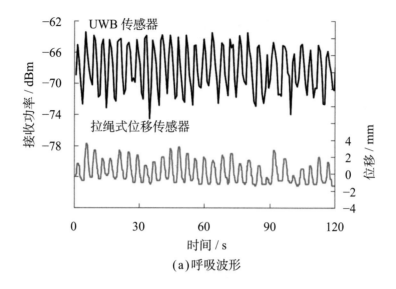

(a) 呼吸波形

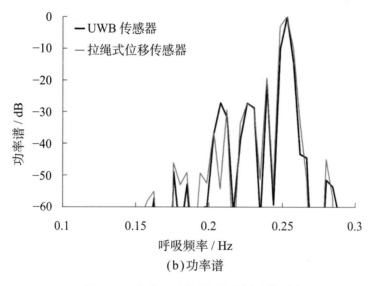

(b) 功率谱

图7.2 呼吸运动的波形示例（仰卧）

可以看到，两个传感器的功率谱均在0.25Hz左右（1min呼吸约15次）出现峰值，确认能够检测呼吸频率。注意，在图7.2(a)所示呼吸波形中可以看到较低频率的小波动（包络线波动），这是因为受到了深度呼吸和细微体动的影响。

对8位受试者（p_1为女性，$p_2 \sim p_8$为男性）进行同样的实验，结果见表7.1。这里，平均误差是以拉绳式位移传感器测得的呼吸次数为真实值，对8人的平均误差保留1位小数得到的。一般情况下，接收信号强度和呼吸运动带来的回波幅度因人而异（体型、体格、性别、腹式/胸式呼吸等）。呼吸次数的最大误差是1.1%，8人的平均误差为0.35%，误差较小，属于傅里叶变换量化误差水平。

表 7.1　呼吸次数的比较（带宽 7GHz）

受试者	1min 呼吸次数		误差 /%
	UWB 传感器	真实值	
p_1	14.9	15.2	1.9
p_2	11.9	11.9	0.0
p_3	13.1	13.7	4.3
p_4	18.8	19.6	4.9
p_5	13.5	13.5	0.0
p_6	10.8	10.8	0.0
p_7	14.8	15.9	1.1
p_8	12.2	12.2	6.9
平均误差			2.38

　　除了仰卧，实验还进行了侧卧及俯卧状态下的测试。俯卧状态的测量结果如图7.3所示。与仰卧状态相比，俯卧时的信号强度大了约10dB。这是因为背部相对平坦，俯卧时有效反射截面积更大。侧卧状态的灵敏度（伴随呼吸的信号强度幅度波动）取决于方位角，但依然可以得到类似的结果。

　　图7.4所示为仰卧状态中途呼吸停止时的呼吸波形（测量开始100s后呼吸停止40s），可以看到呼吸停止等急剧的波形变化，说明适用于睡眠呼吸暂停综合征（SAS）的检测。注意，即使在呼吸停止期间，信号波形也有些细微波动，这是受试者自身的心跳、体动以及周边动态的影响。

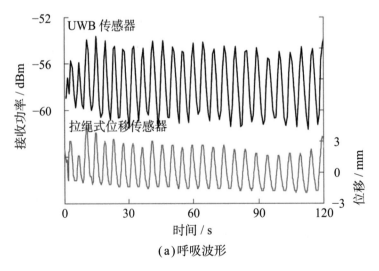

(a)呼吸波形

图7.3　呼吸运动的波形示例（俯卧）

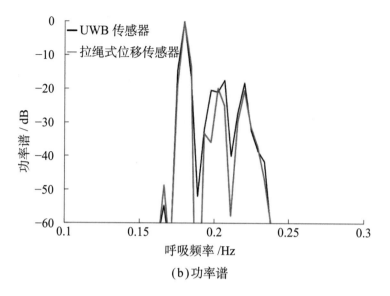

（b）功率谱

续图7.3

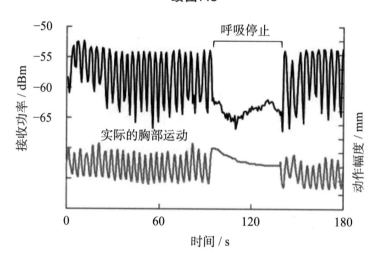

图7.4 包含呼吸停止状态的呼吸波形示例

另外，对于睡眠那样的长时间呼吸监测，最好在出现剧烈体位变动的情况下也能检测到呼吸运动。图7.5所示为包含剧烈体位变动（从仰卧转为俯卧等）的信号波形。可以看到，即使体位剧烈变动，也能正确检测到呼吸。

这里着眼于与仰卧相同的样本时间长度T_s进行俯卧呼吸观测，随着散射点的位置随着体位变化而移动，信号强度也有很大的变化。另外，对于大的翻身和停止呼吸等急剧变动回波，可以同时观测反射路径附近的多个样本点，从中选择最佳样本点波形进行长期呼吸监测[3,4]。

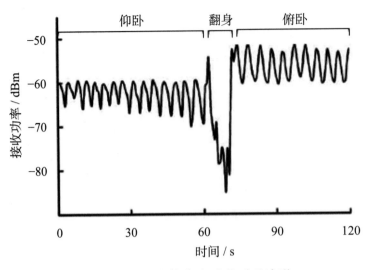

图7.5 包含体位变动的呼吸波形

图7.6所示为2位受试者在床上仰卧时的距离像和其中一人的功率谱。这里，相邻床间隔约1m，可以很容易地将天线覆盖面内的2位受试者的回波分开。只要床的布置保证不同受试者的路径长度差大于UWB传感器的距离分辨率，就可以同时检测两人的呼吸波形。另外，通过监测上述观测样本点，翻身等体动也不影响呼吸监测。

以上实验中，雷达的带宽为7GHz，探讨了进行多人呼吸监测的原理有效性。但是，适合实装和信号处理的带宽预计为1GHz或更小，考虑到反射波的互扰，接收灵敏度及测量精度可能会下降。因此，在与图7.1一样的实验环境中，以1GHz和0.5GHz带宽进行8位受试者的实验，结果见表7.2和表7.3。可以看出平均误差均在3%以下，带宽0.5GHz时的测量精度也没有下降。

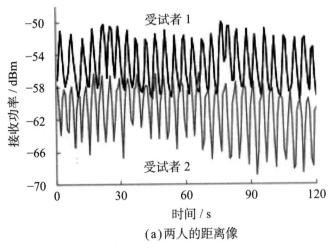

(a)两人的距离像

图7.6 受试者1的呼吸波形

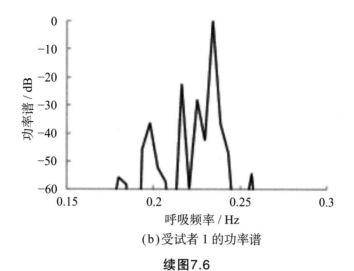

(b)受试者 1 的功率谱

续图7.6

表 7.2 呼吸次数的比较（带宽 1GHz）

受试者	1min 呼吸次数		误差 /%
	UWB 传感器	真实值	
p_1	12.4	12.6	0.2
p_2	12.2	11.2	8.9
p_3	12.7	12.7	0.0
p_4	21.3	21.0	1.4
p_5	12.7	12.4	2.4
p_6	12.7	13.0	2.3
p_7	15.0	16.2	7.4
p_8	18.0	18.0	0.0
平均误差			2.8

表 7.3 呼吸次数的比较（带宽 0.5GHz）

受试者	1min 呼吸次数		误差 /%
	UWB 传感器	真实值	
p_1	18.7	18.5	1.1
p_2	15.7	14.7	6.8
p_3	15.3	15.3	0.0
p_4	16.9	16.9	0.0
p_5	17.7	17.1	3.5
p_6	12.6	12.4	1.6
p_7	13.4	13.4	0.0
p_8	16.1	15.7	2.5
平均误差			1.9

接下来的实验模拟车内环境。图7.7所示为同时监测坐在座位上的三人呼吸

时各反射波时域波形。实验的结论是可以正确估计3人的呼吸频率,并且可以看出受试者C的呼吸波形上叠加有心跳成分。如果进行适当处理,就可以提取心跳信息。

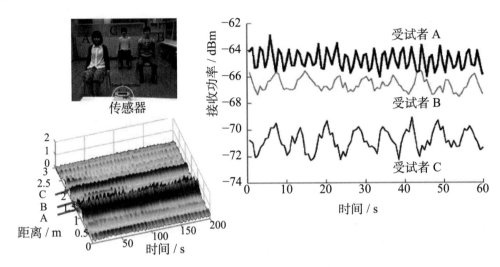

图7.7　落座3人的呼吸监测

7.3　心跳监测

日常生活中,无感的非接触、非侵入式生理信息监测非常重要,尤其是轻微的心跳波动(心率变化)的监测。

7.3.1　心跳监测技术

心率的变化以天为周期,呈昼夜规律,并与内分泌规律密切相关。昼夜的变化规律需要以长时间测量为前提,在日常生活中测量必定多有不便。另外,计算心跳间距(R–R间距)需要的是瞬时心率(IHR),而不是通常的平均心率(AHR)。

以前主要通过多普勒频移进行心率估计,即用带通滤波器抑制呼吸成分后,通过快速傅里叶变换估计心率[5],但是存在傅里叶变换导致时域信息丢失的问题。而且在多径环境下提取心跳成分,很难在短时间内实现稳定的估计精度。有人提出利用周期稳定性的心率估计法,但这一方法并不适合不稳定的信号,如变化的心率[5]。此外,还可以通过协方差法来估计AR模型的系数,进而根据系数的频率特性来估计心率[6]。但是,协方差法的计算量太大,如果信号中包含小特征值,就要计算协方差矩阵的逆矩阵,在这种条件下结果会变得不稳定。也有人提出了利用信号特征点的心率估计法[7]，该方法可以高精度地估计心跳周期，但需要高速处理器。虽然采用扩频技术可以抑制多径干扰，改善信噪比，但不适用于体动和翻身等条件下的连续心率估计。这里介绍一种利用79GHz频段的频率步进UWB雷达的特点，在体动、翻身等情况下依然可以稳定估计心率的技术[8,9]。为了抑制体动、翻身以及呼吸成分的影响，采用多样性采样法和多分辨率分析法作预处理，然后通过基于伯格法的频率分析法进行心率估计[10,11]。

1. 最大强度法与多样性采样法

针对身体活动和翻身，可以采用最大强度法和多样性采样法对生理信息信号进行连续观测[8]。这里，要确定动作信息和天线到人的距离（样本点），设定以该距离为中心的距离门，同时观察距离门内多个样本点的动作，然后不断选择具有最大值ϕ的样本点并追踪其信号（最大强度法）。这样只监视一点，即最大值ϕ，即使是细微的身体晃动，也能监测到最佳生理信息信号。但是，当受试者因体动等偏离距离门时，就无法继续监测生理信息信号了，需要重新估计最佳样本值。

多样性采样法就适用于这种情况，即使出现体动等情况时也可以继续监测受试者的生理信息信号。多样性采样法通过并行处理监测以多个样本值为中心的距离门，利用最大强度法从观测多个周期得到的周期信号中，基于评价函数选择最佳生理信息信号。评价函数使用方差值，将以最大样本值为中心的距离门内测得的周期信号作为最佳生理信息信号。图7.8所示为多样性采样法的原理。

2. 伯格法与多分辨率分析法

与离散傅里叶变换（DFT）相比，伯格法可以从短时间信号中求得具有高分辨率的频谱。心跳信号不稳定，所以需要根据短时间信号估计心率。如果根据心率对受试者进行压力评价，就需要捕捉心率的变化。但是，根据长时间信号进行心率估计时，求得的心率波形是原心率波形滤波后的状态，无法提取心率的变化情况，也就无法正确进行压力评价。对此，根据短时间信号进行心率估计更现实。这里，使用伯格法求得AR模型的系数。

AR模型的公式如下：

$$y_n = -\sum_{i=1}^{M} a_i y_{n-i} + x_n \tag{7.1}$$

式中，y_n为测量信号；a_i为AR模型的系数；x_n为白噪声；M为AR模型的级数。

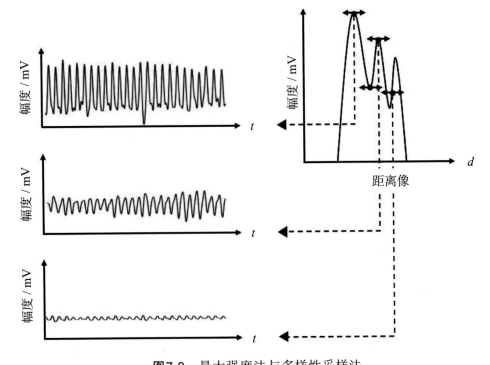

图7.8 最大强度法与多样性采样法

根据求得的AR模型系数，功率谱密度（PSD）可用下式计算：

$$P(\omega) = \frac{\sigma^2}{\left|1 + \sum_{k=1}^{M} a_k e^{-j\omega k}\right|^2} \tag{7.2}$$

式中，σ^2为残差误差。

在AR模型的分析中，级数很重要。如果选择了较低的级数，则很难从估计结果中找到与心率基本频率对应的峰值。相反，如果选择了较高的级数，虽然可以找到与心率基本频率对应的峰值，但无用峰值也多，容易选到错误的峰值。另外，待分析信号为非稳定信号，级数过高时，很难求得正确的频谱。在此，提出一种用赤池信息准则（AIC）和最终预测误差（FPE）确定最佳级数的算法。但是，用这类算法也无法保证每次都选出最佳级数。为此，将之前测得的生理信息信号按时间分割为700个样本（约3.2s），根据分割后的470个信号求出AIC最佳级数，最终制成直方图。AIC值由下式计算：

$$AIC = N \times \ln(2\pi\sigma^2) + N + 2(M+1) \tag{7.3}$$

式中，N为信号长度。

AIC计算从第一个点到信号长度的33%，即233点。之所以计算到233点，是因为表示级数的上限是信号长度的33%[8]。制成的直方图如图7.9所示，由此可以确定准最佳级数，级间隔为5。可以看到，通过AIC求得的最佳级数主要集中在42～47，可以取中间值45作为次优级数。但是，该级数过低，不符合心率的基本频率。由于AIC原本就有选择低级数的倾向，所以才呈现图示的结果。如果分析的是稳定信号，那么低级数也没有问题。但生理信息信号是非稳定信号，采用低级数很难进行稳定的心率估计。因此，最终将第二高中间值194定为次优级数。

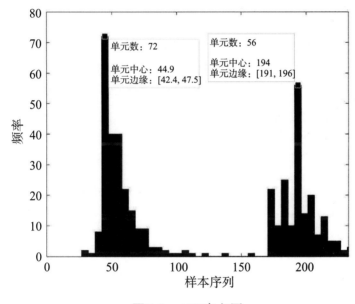

图7.9　AIC直方图

接下来对用于呼吸信号抑制的多分辨率分析法进行说明。多分辨率分析法可以将低频信号和高频信号分解为任意级数进行分析。图7.10所示为处理前的生理信息信号。

为抑制呼吸信息，图7.11显示了7个细节分量，这些分量通过多分辨率分析分解为7级，以抑制呼吸信号。心率信号和呼吸信号分别存在于0.8～1.6Hz和0.1～0.5Hz的频率成分中。利用第6级和第7级的细节分量重构分解后的生理信息信号，便可抑制呼吸信号。因为重构的生理信息信号具有0.8～3.2Hz的频率成分，滤除原始生理信息信号中呼吸信号的频率成分就能抑制呼吸信号。

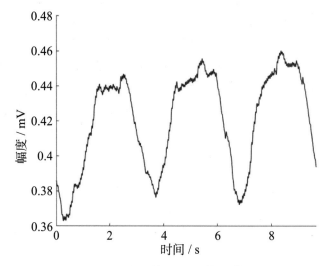

图7.10　处理前的生理信息信号

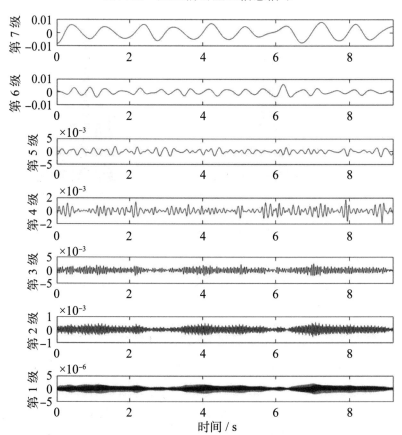

图7.11　被分解的生理信息信号

重构结果如图7.12所示。虽然使用FIR带通滤波器也能抑制呼吸信号，但呼吸信号的幅度较大，加上心率信号与呼吸信号所在的频带接近，因此有必要作锐截止滤波器设计。设计锐截止滤波器需要提高滤波系数,不适用于非稳定信号的滤波。此外,也有通过低通滤波器取出呼吸信号,对原信号进行差分的方法,但差分操作会降低信噪比,并不是理想的方法。这里将采用多分辨率分析法来规避这一系列问题。

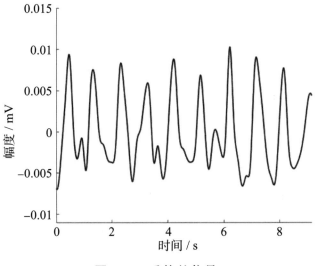

图7.12 重构的信号

3. 监测系统

实验按图7.13所示框图进行心率估计。首先基于距离像,利用最大强度法和多样性采样法来检测最佳生理信息信号。为了提高该生物信息信号的估计精度,

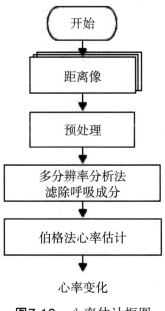

图7.13 心率估计框图

这里使用多分辨率分析法来抑制呼吸信号。然后，采用伯格法从约3.2s的信号中求出功率谱密度（PSD），进而估计心跳的基本频率。最后，将3.2s的帧分割为多个1.4s帧进行连续估计。

7.3.2　检测特性

1. 实验方法

对4名受试者进行实验验证。受试者坐在距天线约1m的位置，测试开始20s后受试者后移约0.2m。实验目的是验证当受试者移动时，利用多样性采样法能否持续估计心率。测试持续约40s。为了方便评价，同时使用接触式传感器测量心率，作为实测值（真实值）进行对比。

实验场景如图7.14所示，实验在放置有桌子和架子的室内环境中进行，天线安装在受试者的正前方。

图7.14　实验场景

2. 实验结果

图7.15所示为按观测时间排列的距离像。可以看到，约20s的时候出现了人的大动作，向后方移动。

图7.16所示为通过距离像测得的生理信息信号。大约20s的时候，可以看到体位移动引起的大的时间波形紊乱。但是，移动后受试者静止，可以通过多样性采样法再次测量最佳生理信息信号。

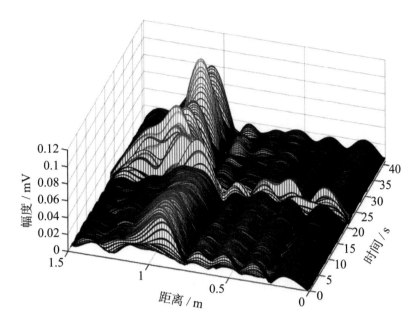

图7.15　距离像的时序信号

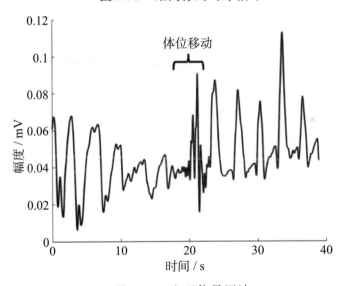

图7.16　生理信号回波

图7.17所示为利用伯格法求得的PSD。由此可以进行心跳的基本频率估计，在移动帧的同时作连续估计，从而得到心率变化。这是4位受试者的实验估计结果，基本与真实值一致。

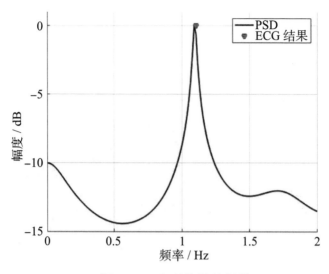

图7.17　生理信号的频谱

　　各受试者的详细估计结果见表7.4。将4位受试者的估计结果与真实值的相关系数进行平均，得到平均值为0.952，估计误差的平均值为0.75%。据此，通过本系统估计间隔2~3拍的心跳周期，估计误差在2%以内。

表 7.4　4 位受试者的心率估计误差

	相关系数	误差 /%
受试者 1	0.963	0.627
受试者 2	0.952	1.362
受试者 3	0.958	0.219
受试者 4	0.935	0.791

　　但是，如图7.18所示，当受试者的身体大幅度移动后，短时间还不能估计心率。因为雷达传感器根据身体表面的微小运动测量生理信息信号，在身体动态活动期间，心跳信号完全被体动信号埋没，很难进行心率估计。

　　即便如此，实验也证明了通过多样性采样法在受试者移动的条件下也能够立即切换监测样本，再次测量最佳生理信息信号。即便受试者体位移动导致测量有些许延迟，也可以进行连续的心率估计。从图7.18中还可以看到，除了出现体动的区间，还有无法估计心率的区间。这是因为本次实验是在没有靠背的椅子上进行的，受试者坐在椅子上的小幅体动、身体弯曲时，心率信号的信号强度会显著下降。另外，表现在身体表面的心动引起的变化非常微小，超出了可以捕捉到雷达波动的分辨率。

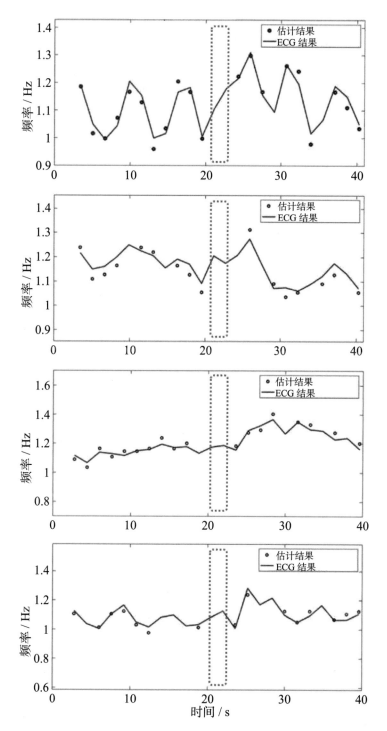

图7.18 中途身体大幅度移动时的心率估计结果

　　从表7.4来看，相关系数的平均值超过了0.9，估计误差较医疗器械容许的5%小很多。本文提出的系统，以2～3拍间隔估计心跳周期，估计误差在2%以内。

并且即便受试者前后位置移动，依旧可以高精度地估计心率。只要受试者在天线的正面落座，无论其是否移动，都可以连续监测。

　　综上所述，本系统抗干扰性强，通过电路结构简单的频率步进雷达传感器，就可以从远处监测座位上受试者的心率。另外，即使出现身体移动，利用最大强度法和多样性采样法依旧可以稳定地进行心率监测。与ECG方法相比，本实验通过多分辨率分析法抑制了呼吸信号，且通过伯格法对短时间的生理信息信号进行频率分析，相关系数在0.9以上，估计误差在2%以下。UWB传感器不仅可用于心率估计，还可以用于根据估计的心率变化波形实现压力评估、睡眠预测等的简易健康管理系统。

参考文献

［1］OSSBERGER G, BUCHEGGER T, SCHIMBACK E, STELZER A, WEIGEL R. Non-invasive respiratory movement detection and monitoring of hidden humans using ultra wideband pulse radar. Proc of IWUWBS, 2004, FA3-4(4):395-399.

［2］東桂木謙治, 中畑洋一朗, 松波勲, 梶原昭博. 超広帯域無線を用いた呼吸監視特性について. 電学論C, 2009, 129(6): 1056-1061.

［3］SHIMOMURA N, OTSU M, KAJIWARA A. Empirical study of remote respiration monitoring sensor using wideband system. International Conference on Signal Processing and Communication Systems, 2012.

［4］SASAKI E, KAJIWARA A. Multiple respiration monitoring by stepped-FM UWB sensor. Computational Intelligence, Communication and Information Technology（CICIT2015）, 2015-1.

［5］KAZEMI S, GHORBANI A, AMINDAVAR H, LI C. Cyclostationary approach to doppler radar heart and respiration rates monitoring with body motion cancelation using radar doppler system. Biomedical Signal Processing and Control, 2014：79-88.

［6］渋谷七海, 佐藤宏明, 恒川佳隆, 本間尚樹. マイクロ波による非接触計測の生体信号に対するパラメトリック推定. 計測自動制御学会東北支部, 288-4, 2012.

［7］SAKAMOTO T, IMASAKA R, TAKI H, SATO T, YOSHIOKA M, INOUE K, FUKUDA T, SAKAI H. Feature-based correlation and topological similarity for inter-beat interval estimation using ultrawideband radar. IEEE Transactions on Biomedical Engineering, 2015, 63: 747-757.

［8］魚本雄太, 梶原昭博. ステップドFMセンサによる拍動推定. 電気学会論文誌C, 2018, 138(7): 921-926.

［9］中村僚兵, 梶原昭博. ステップドFM方式を用いた超広帯域マイクロ波センサ. 電子情報通信学会論文誌 B, 2011, J93-B(2): 274-282.

［10］日野幹雄. スペクトル解析. 朝倉書店, 1977.

［11］坂元慶行, 石黒真木夫, 北川源四郎. 情報量統計学. 共立出版, 1983.